装配式建筑培训系列教材

装配式混凝土建筑施工技术

中 建 科 技 有 限 公 司
中建装配式建筑设计研究院有限公司　　编　著
中 国 建 筑 发 展 有 限 公 司

中国建筑工业出版社

图书在版编目（CIP）数据

装配式混凝土建筑施工技术/中建科技有限公司，中建装配式建筑
设计研究院有限公司，中国建筑发展有限公司编著. —北京：中国
建筑工业出版社，2017.12（2024.9重印）
装配式建筑培训系列教材
ISBN 978-7-112-21452-5

Ⅰ.①装… Ⅱ.①中…②中…③中… Ⅲ.①装配式混凝土结构-
混凝土施工-技术培训-教材 Ⅳ.①TU755

中国版本图书馆CIP数据核字(2017)第267821号

本书全面、系统地讲解了装配式混凝土建筑施工技术，具体包括：装配式混
凝土结构施工组织管理、施工关键技术、机电工程施工、内装施工、配套工装系
统应用、信息化技术应用、质量控制及验收、工程案例。

本书适合装配式混凝土建筑施工人员使用，也适合高等院校相关专业师生、
科研院所技术人员参考使用。

责任编辑：李　阳　李　明　朱首明　周　觅
责任设计：李志立
责任校对：焦　乐　王雪竹

装配式建筑培训系列教材
装配式混凝土建筑施工技术
中 建 科 技 有 限 公 司
中建装配式建筑设计研究院有限公司　编著
中 国 建 筑 发 展 有 限 公 司
*
中国建筑工业出版社出版、发行(北京海淀三里河路9号)
各地新华书店、建筑书店经销
北京建筑工业印刷厂制版
建工社（河北）印刷有限公司印刷
*
开本：787×1092毫米　1/16　印张：16½　字数：410千字
2017年12月第一版　　2024年9月第四次印刷
定价：45.00元
ISBN 978-7-112-21452-5
(31072)

本书编委会

主   任：叶浩文

副 主 任：李 栋 叶 明 周 冲 刘治国

委   员：樊则森 徐文明 彭亿洲 鲁万卿 涂闽杰

           孙 晖 李 锋 刘献伟

成   员：（按姓氏笔画为序）：

           王 伟 王云燕 方 鹏 尹述伟 卢 恒

           田子玄 冯伟东 朱东亮 刘文俊 刘世辉

           李 鹏 李新伟 杨文斌 杨鑫蕊 吴耀清

           张希忠 张柯健 林敬展 周 勇 胡 利

           侯振华 徐艳红 郭壮雨 黄益平 韩 超

           魏金桥

3

序　言

2016 年 9 月，《国务院办公厅关于大力发展装配式建筑的指导意见》（国办发［2016］71 号）中提出要坚持标准化设计、工厂化生产、装配化施工、一体化装修、信息化管理、智能化应用，大力发展装配式混凝土建筑和钢结构建筑，提高技术水平和工程质量，促进建筑产业转型升级。2017 年 3 月，住房和城乡建设部印发了《"十三五"装配式建筑行动方案》（建科［2017］77 号），进一步明确了发展装配式建筑的工作目标，强调要形成装配式建筑专业化队伍，全面提升装配式建筑质量、效益和品质，实现装配式建筑全面发展。

在国家大力推广装配式建筑之际，建筑业转型升级迎来了重大机遇，国家及各地政府也都相继出台相关鼓励政策，颁布了相应的国家、行业及地方技术标准。此外，科技部在国家"十三五"重点研发方面，围绕"绿色建筑及建筑工业化"领域科技需求，广泛组织行业人员开展装配式建筑科研课题攻关，从基础理论、顶层设计、产业链整合和技术评估等多方面进行深入研究。装配式混凝土建筑是装配式建筑的主要结构形式，是实现建筑工业化的重要手段和主要抓手。我国通过总结、创新适合我国国情的装配式建筑关键技术体系，引进和消化国外先进技术，不断积累和改进，已基本形成相关结构体系并得到成功应用。目前，我国正处于快速发展并推广装配式建筑的关键时期。随着装配式建筑工程规模的逐渐增大，从事装配式建筑研发、设计、生产、施工和管理等环节的从业人员，无论是数量还是素质均已经无法满足装配式建筑的市场需求。据统计，我国建筑工业化专业技术人才的缺口已近百万人。截至目前，在高等院校的培养教育方面，建筑工业化发展所需后备人才仍是空白。因此，为了较好地加快装配式建筑领域专业人才的培养，中建科技有限公司、中建装配式建筑设计研究院有限公司、中国建筑发展有限公司受中国建筑工业出版社邀请，编写《装配式混凝土建筑设计》和《装配式混凝土建筑施工技术》等培训系列教材。希望通过本培训系列教材，使得传统建筑人才具备从事装配式建筑工程技术研发、设计、生产、施工及工程管理的知识和能力，从而全面提升装配式建筑的全产业链整合和实践能力，促进装配式建筑的可持续健康发展。

最后，由于装配式建筑发展迅速，新技术、新产品、新工艺等不断涌现，有一些行业技术标准也未统一，加之我们水平有限，书中难免有不妥和遗漏之处，谨请广大读者批评指正。

叶浩文

2017 年 7 月

前　言

　　装配式建筑是指用预制的构件在工地装配而成的建筑，通过"标准化设计、工厂化生产、装配式施工、一体化装修、过程管理信息化"，全面提升建筑品质和建造效率，达到可持续发展的目标。发展装配式建筑是建造方式的重大变革，是推进供给侧结构性改革的新型城镇化发展的重要举措，也是推进建筑业转型的重要方式，有利于节约资源能源、减少施工污染、提升劳动生产效率和质量安全水平，有利于促进建筑业与信息化、工业化深度融合，培育新产业新动能，推动化解过剩产能，实现社会的可持续发展。

　　2016年9月27日《国务院办公厅关于大力发展装配式建筑的指导意见》（国办发〔2016〕71号）中提出力争用10年左右的时间，使装配式建筑占新建建筑面积的比例达到30%。该政策的出台将会促进预制装配式住宅的发展，同时也为装配式建筑技术带来了更大的挑战与更高的要求。

　　现阶段从事装配式建筑研发、设计、生产、施工、管理等的人员，已经无法满足装配式建筑的发展需求。为了加速培养具有装配式建筑技术的相关人才，中建科技有限公司、中建装配式建筑设计研究院有限公司、中国建筑发展有限公司受中国建筑工业出版社邀请，编写了本教材。本教材结合了目前装配式混凝土建筑的相关政策和国家现行标准规范，以培训装配式混凝土建筑施工人员为主要目标，重点介绍了装配式混凝土结构施工组织管理、施工关键技术、机电工程施工、内装、配套工装系统的应用、信息化应用技术、施工质量控制与验收，同时进行了相关的案例分析。本教材编写过程中力求内容精炼、图文并茂、重点突出、文字表述通俗易懂，便于相关人员更好地掌握装配式建筑的知识。

目　录

1 绪 论

装配式混凝土建筑在西方发达国家已有半个世纪以上的发展历史，形成了各有特色和比较成熟的产业和技术。装配式建筑在国内虽然起步较早，但早期的预制混凝土结构也仅限于装配式多层框架、装配式大板等结构体系，还没有形成一个完整、配套的工业生产系统，施工技术远远满足不了住宅产业化生产需求。

1.1 国外装配式混凝土建筑施工技术的发展与现状

20 世纪中期，欧洲由于受第二次世界大战的影响，建筑受损严重，人们对建筑的需求量非常大。为解决房荒问题，欧洲一些国家采用了工业化方式建造了大量住宅，工业化住宅逐渐发展成熟，并延续至今。

预制装配式混凝土施工技术最早起源于英国，Lascell 进行了是否可以在结构承重的骨架上安装预制混凝土墙板的构想，装配式建筑技术开始发展。1875 年英国的首项装配式技术专利，1920 年美国的预制砖工法、混凝土"阿利制法"（Earley Process）等，都是早期的预制构件施工技术，这些预制装配式施工技术主要应用于建筑中的非结构构件，比如用人造石代替天然石材或者砖瓦陶瓷材料等。由于装配式建筑技术采用的是工业化的生产模式，受到现代工业社会的青睐。此后，受到第二次世界大战的影响，人力减少，且由于战时破坏急需快速大量修建房屋，这一工业化的生产结构更加受到欢迎，应用在了住宅、办公楼、公共建筑中。20 世纪 50 年代，欧洲一些国家采用了装配式方式建造了大量住宅，形成了一批完整的、标准的、系列化的住宅体系，并在标准设计的基础上生成了大量工法。日本于 1955 年设立了"日本住宅公团"，以它为主导，开始向社会大规模提供住宅，2000 年以后，全日本装配式住宅真正得到大面积的推广和应用，施工技术也逐步得到优化和发展，并延续至今。目前德国推广装配式产品技术、推行环保节能的绿色装配已有较成熟的经历，建立了非常完善的绿色装配及其产品技术体系，其公共建筑、商业建筑、集合住宅项目大都因地制宜，采取现浇与预制构件混合建造体系，通过策划、设计、施工各个环节精细化优化寻求项目的个性化、经济性、功能性和生态环保性能的综合平衡。德国装配式住宅与建筑目前主要采用双皮墙体系、T 梁、双 T 板体系、预应力空心楼板体系、框架结构体系。在混凝土墙体中，双皮墙占比 70％左右，是一种抗震性能非常好的结构体系，在工业建筑和公共建筑中用混凝土楼板中，主要采用叠合板和叠合空心板体系。

1.2 国内装配式混凝土建筑施工技术的发展与现状

我国建筑工业化模式应用始于 20 世纪 50 年代，借鉴苏联的经验，在全国建筑生产企业推行标准化、工厂化和机械化，发展预制构件和预制装配建筑。从 20 世纪 60 年代初～80 年代中期，预制混凝土构件生产经历了研究、快速发展、使用、发展停滞等阶段。20 世纪 80 年代初期，建筑业曾经开发了一系列新工艺，如大板体系、南斯拉夫体系、预制装配式框架体系等，但在进行了这些实践之后，均未得到大规模推广。到 20 世纪 90 年代后期，建筑工业化迈向了一个新的阶段，国家相继出台了诸多重要的法规政策，并通过各种必要的机制和措施，推动了建筑领域的生产方式的转变。近年来，在国家政策的引导下，一大批施工工法、质量验收体系陆续在工程中实践应用，装配式建筑的施工技术越来越成熟。

2016 年 2 月 6 日，中共中央、国务院印发了《中共中央国务院关于进一步加强城市规划建设管理工作的若干意见》，其中指出，力争用 10 年左右时间，使装配式建筑占新建建筑的比例达到 30%。国务院办公厅于 2016 年 9 月 27 日印发了《关于大力发展装配式建筑的指导意见》，要以京津冀、长三角、珠三角三大城市群为重点推进地区，常住人口超过300 万的其他城市为积极推进地区，其余城市为鼓励推进地区，因地制宜发展装配式混凝土结构、钢结构和现代木结构等装配式建筑。

当前，全国各级建设主管部门和相关建设企业正在全面认真贯彻落实中央城镇化工作会议与中央城市工作会议的各项部署。大力发展装配式建筑是绿色、循环与低碳发展的行业趋势，是提高绿色建筑和节能建筑建造水平的重要手段，不但体现了"创新、协调、绿色、开放、共享"的发展理念，更是大力推进建设领域供给侧结构性改革，培育新兴产业，实现我国新型城镇化建设模式转型的重要途径。虽然我国建筑工业化市场潜力巨大，但是由于工作基础薄弱，当前发展形势仍不能盲目乐观。当前的建筑业正在进行顶层设计、标准规范正在健全、各种技术体系正在完善、业主开发积极性正在提高。新型装配式建筑是建筑业的一场革命，是生产方式的变革，必然会带来生产力和生产关系的变革。

基于目前装配式建筑发展的形势，中建科技集团有限公司结合装配式混凝土建筑特点和 EPC 工程总承包管理的要求提出了适应装配式建筑发展的"三个一体化"的理念，即：满足系统性装配要求的建筑、结构、机电、装修一体化，满足工业化生产要求的设计、加工、装配一体化，满足装配式建筑发展要求的技术、市场、管理一体化。为行业转型发展，向着工业化、绿色化、信息化系统集成的方向迈进提供了理论支持和实践的方法论。中建科技研发形成了中建自主品牌的建筑工业化建筑结构体系、生产制造体系、施工装配体系、绿色建筑体系、未来建筑体系以及新材料工艺体系。中建科技充分融合中建系统各工程局、设计院和专业公司的资源，以"资本入股、技术研发、产品设计"＋"市场经营、工厂管理、现场管理"的方式形成纽带，先后组建了中建科技福建公司、中建科技成都公司、中建科技武汉公司等十余个区域公司和两个建筑工业化研究分院，并先后在上海、武汉、成都、福州、郑州、天津等地投资兴建了十余个 PC 构件生产基地，形成了合理的区位发展布局。公司现进行的装配式建筑项目有：裕璟幸福家园工程项目、成都新型工业园服务中心项目、中建·观湖国际项目、深港新城项目等，这些项目都属于装配式混凝土建筑，预制率和装配率都高于国内同期建设的其他项目，且以 EPC 工程总承包的方式进行建设，建设过程将 BIM 技术和 EPC 工程总承包有机结合，在全国范围内起到了引领示范的作用。

装配式混凝土建筑的建造方式符合国内建筑业的发展趋势，随着建筑工业化和产业化进程的推进，装配施工工艺越来越成熟，但是装配式混凝土建筑还应进一步提高生产技术、施工工艺、吊装技术、施工集成管理等，形成装配式混凝土建筑的成套技术措施和工艺，为装配式混凝土建筑的发展提供技术支撑。在施工实践中，装配式混凝土建筑的设计技术、构件拆分与模数协调、节点构造与连接处理吊装与安装、灌浆工艺及质量评定、预制构件标准化及集成化技术、模具及构件生产、BIM 技术的应用等还存在标准、规程的不完善或技术实践空白等问题，在这方面尚需要进一步加大产学研的合作，促进装配式建筑的发展。

建筑业将逐步以现代化技术和管理替代传统的劳动密集型的生产方式，必将走新型工业化道路，也必然带来工程设计、技术标准、施工方法、工程监理、管理验收、管理体制、实施机制、责任主体等的改变。建筑产业现代化将提升建筑工程的质量、性能、安全、效益、节能、环保、低碳等的水平，是实现房屋建设过程中建筑设计、部品生产、施工建造、维护管理之间的相互协同的有效途径，也是降低当前建筑业劳动力成本、改善作业环境的有效手段。

2 施工组织管理

2.1 施工组织设计

2.1.1 总则

1. 编制原则

施工组织设计应具有真实性的预见性，能够客观反映实际情况，其应涵盖项目的施工全过程，做到技术先进、部署合理、工艺成熟，针对性、指导性、可操作性强。

2. 编制依据

（1）施工组织设计应遵循与工程建筑有关的法律法规文件和现行的规范标准。

（2）施工组织设计应仔细阅读工程设计文件及工程施工合同，理解把握工程特点、图纸及合同所要求的建筑功能、结构性能、质量要求等内容。

（3）施工组织设计应结合工程现场条件，工程地质及水文地质、气象等自然条件。

（4）施工组织设计应结合企业自身生产能力、技术水平及装配式建筑构件生产、运输、吊装等工艺要求，制定工程主要施工办法及总体目标。

2.1.2 主要编制内容

根据《建筑施工组织设计规范》GB/T 50502—2009 的要求，装配式建筑施工组织设计的主要内容应包括：

1. 编制说明及依据

依据的文件名称，包括合同、工程地质勘察报告、经审批的施工图、主要的现行适用的国家和地方标准、规范等。

2. 工程特点及重难点分析

从本工程特点分析入手，层层剥离出施工重难点，再到阐述解决措施；着重突出预制深化设计、加工制作运输、现场吊装、测量、连接等施工技术。

3. 工程概况

PC 工程建设概况、设计概况、施工范围、构件生产厂及现场条件、工程施工特点及重点难点，应对预制率、构件种类数量、重量及分布进行详细分析，同时针对工程重点、难点提出解决措施。

4. 工程目标

PC 工程的质量、工期、安全生产、文明施工和职业健康安全管理、科技进步和创优目标、服务目标，对各项目标进行内部责任分解。

5. 施工组织与部署

以图表等形式列出项目管理组织机构图并说明项目管理模式、项目管理人员配备及职责分工、项目劳务队安排；概述工程施工区段的划分、施工顺序、施工任务划分、主要施工技术措施等。在施工部署中应明确装配式工程的总体施工流程、预制构件生产运输流程、标准层施工流程等工作部署，充分考虑现浇结构施工与 PC 构件吊装作业的交叉，明确两者工序穿插顺序，明确作业界面划分。在施工部署过程中还应综合考虑构件数量、吊重、工期等因素，明确起重设备和主要施工方法，尽可能做到区段流水作业，提高工效。

6. 施工准备

概述施工准备工作组织及时间安排、技术准备、资源准备、现场准备等。技术准备包括标准规范准备、图纸会审及构件拆分准备、施工过程设计与开发、检验批的划分、配合比设计、定位桩接收和复核、施工方案编制计划等。

资源准备包括机械设备、劳动力、工程用材、周转材料、PC 构件、试验与计量器具及其他施工设施的需求计划、资源组织等。

现场准备包括现场准备任务安排、现场准备内容的说明，包括三通一平、堆场道路、办公场所完成计划等。

7. 施工总平面布置

结合工程实际，说明总平面图编制的约束条件，分阶段说明现场平面布置图的内容，并阐述施工现场平面布置管理内容。在施工现场平面布置策划中，除需要考虑生活办公设施、施工便道、堆场等临建布置外，还应根据工程预制构件种类、数量、最大重量、位置等因素结合工程运输条件，设置构件专用堆场及道路；PC 构件堆场设置需满足预制构件堆载重量、堆放数量的要求，应方便施工并结合垂直运输设备吊运半径及吊重等条件进行设置，构件运输道路设置应能够满足构件运输车辆载重、转弯半径、车辆交汇等要求。

8. 施工技术方案

根据施工组织与部署中所采取的技术方案，对本工程的施工技术进行相应的叙述，并对施工技术的组织措施及其实施、检查改进、实施责任划分进行叙述。在装配式建筑施工组织设计方案中，除包含传统基础施工、现浇结构施工等施工方案外，应对 PC 构件生产方案、运输方案、堆放方案、外防护方案进行详细叙述。

9. 相关保证措施

包括质量保证措施、安全生产保证措施、文明施工环境保护措施、应急响应、季节施工措施、成本控制措施等。

质量管理应根据工程整体质量管理目标制定，在工程施工过程中围绕质量目标对各部门进行分工，制定构件生产、运输、吊装、成品保护等各施工工序的质量管理要点，实施全员质量管理、全过程质量管理。

安全文明施工管理应根据工程整体安全管理目标制定，在工程施工过程中围绕安全文明施工目标对各部门进行分工，明确预制构件制作、运输、吊装施工等不同工序的安全文明施工管理重点，落实安全生产责任制，严格实施安全文明施工管理措施。

制定应急救援预案的目的是快速、有序、高效地控制紧急事件的发展，将事故损失减小到最低程度。应急响应应立足于安全事故的救援，立足于工程项目自援自救，立足于工程所在地政府和当地社会资源的救助。根据建设工程的特点，工地现场可能发生的安全事故有：坍塌、火灾、中毒、爆炸、物体打击、高空坠落、机械伤害、触电等，应急预案的人力、物资、技术准备主要针对这几类事故。

2.1.3 施工部署

1. 总体安排

根据工程总承包合同、施工图纸及现场情况，将本工程划分为：基础及地下室结构施工阶段、地上结构施工阶段、装饰装修施工阶段、室外工程施工阶段、系统联动调试及竣工验收阶段。

本工程施工阶段，塔楼区（含地下室）组织顺序向上流水施工，地下室分三段组织流水施工。工序安排上以桩基础施工→地下室结构施工→塔楼结构施工→外墙涂料施工→精装修工程施工→系统联合调试→竣工验收为主线，按照节点工期确定关键线路，统筹考虑自行施工与业主另行发包的专业工程的统一、协调，合理安排工序搭接及技术间歇，确保完成各节点工期。

2. 分阶段的部署

（1）基础及地下室施工阶段

1）区段划分

根据工程特点、后浇带位置以及施工组织需要，地下室结构施工阶段划分为 N 个区域进行施工，N 个区组织独立资源平行施工。

2）施工顺序

进场后立即安排测量放线、土方开挖，再进行垫层、防水施工。土方施工完成后可安排塔式起重机的基础施工及塔式起重机安装工作，保证后续施工的材料运输。

（2）主体结构施工阶段部

1）区段划分

根据地上塔楼及工业化施工特点，地上结构施工分为塔楼现浇层和预制层。各塔楼再根据工程量、施工缝、作业队伍等划分施工流水段。

2）施工顺序

各栋塔楼均组织资源独立施工，现浇层建议采用高周转模板，预制层采用预制构件拼装施工，现浇段宜采用铝合金模板进行施工。

（3）竣工验收阶段

竣工验收阶段的工作任务主要包含系统联动调试、竣工验收及资料移交。

1）系统联动调试

市政供水、供电系统完成后，立即开展机电各系统的单机调试工作，消防、环保、节能等工程提前报验，满足工程整体竣工验收要求；机电系统调试分电气系统调试、通风空调系统调试、给水排水系统调试、消防系统调试、电梯、弱电等单系统调试等，各系统的单项调试完成后进行综合系统联合调试，然后完成各系统验收。

2）竣工验收

各专业分包必须负责施工工程竣工图的编制管理工作，总承包根据竣工图验收要求对各专业分包所绘制的竣工图进行符合性审查。

属于专业工程需单独验收的，经总承包预验合格后，再报监理工程师进行监理预验，合格后由该专业分包与专业工程验收管理部门、监理工程师、发包人协商确定验收时间，并及时通知总承包参与验收。不必需要办理单独验收的，经总承包预验合格后，上报监理工程师，由监理工程师预验合格后，专业分包、总承包人、监理工程师和发包人协商验收。

办理工程预验及验收前，各专业分包应将准备验收工程的场地清理干净。

3）资料移交

总承包在规定时间内收集所有竣工备案资料，对不属于施工总承包管理直接提供的其他单位的资料，进行跟踪、督促、协调，及时向发包人反馈收集和协调情况，收集齐全所有竣工备案资料后，按规定向有关部门提交竣工备案资料，并向发包人反馈备案办理进度。

2.1.4 施工平面布置

施工平面布置时，首先应进行起重机械选型工作，然后根据起重机械布局、规划场内道路，最后根据起重机械以及道路的相对关系确定堆场位置。预制拼装与传统现浇相比，影响塔式起重机选型的因素有了一定变化。同样，增加的构件吊装工序，使得起重机对施工流水段及施工流向的划分均有影响。

1. 各阶段施工场地分析

（1）在基础、地下结构和地上现浇层施工阶段，土方工程、现浇混凝土工程施工工作量大，现场需要较多的施工材料堆放场地和临时设施场地。此阶段平面布置的重点既要考虑满足现场施工需要的材料堆场，又要为预制构件吊装作业预留场地，因此不宜在规划的预制构件吊装作业场地设置临时水电管线、钢筋加工场等不宜迅速转移场地的临时设施（图2.1-1）。

（2）在预制装配层施工阶段，吊装构件堆放场地要以满足1d施工需要为宜，同时为以后的装修作业和设备安装预留场地，因此需合理布置塔式起重机和施工电梯位置，满足预制构件吊装和其他材料运输（图2.1-2）。

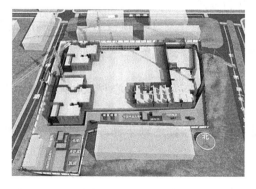
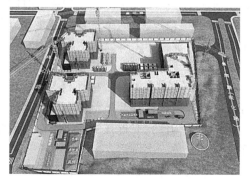

图2.1-1　地下及地上现浇施工阶段示意　　图2.1-2　预制装配式施工阶段示意

（3）在装修施工和设备安装阶段，有大量的分包单位将进场施工，按照总平面图布置此阶段的设备和材料堆场，按照施工进度计划材料设备如期进场是关键（图2.1-3）。

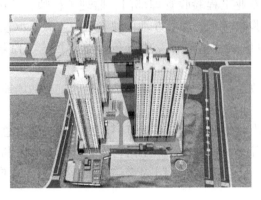

图 2.1-3　装修与设备安装阶段示意

（4）根据场地情况及施工流水情况进行塔式起重机布置；考虑群塔作业，限制塔式起重机相互关系与臂长，并尽可能使塔式起重机所承担的吊运作业区域大致相当。

（5）根据最重预制构件重量及其位置进行塔式起重机选型，使得塔式起重机能够满足最重构件起吊要求；根据其余各构件重量、模板重量、混凝土吊斗重量及其与塔式起重机相对关系对已经选定的塔式起重机进行校验；塔式起重机选型完成后，根据预制构件重量与其安装部位相对关系进行道路布置与堆场布置。由于预制构件运输的特殊性，需对运输道路坡度及转弯半径进行控制，并依照塔式起重机覆盖情况，综合考虑构件堆场布置；预制构件堆场的布置，需对构件排列进行考虑，其原则是：预制构件存放受力状态与安装受力状态一致。

2. 预制构件吊装阶段平面布置要求

（1）在地下室外墙土方回填完后，需尽快完善临时道路和临水临电线路，硬化预制构件堆场。将来需要破碎拆除的临时道路和堆场，可采取能多次周转使用的装配式混凝土路面、场地技术，将会节约成本减少建筑垃圾外运。

（2）施工道路宽度需满足构件运输车辆的双向开行及卸货吊车的支设空间；道路平整度和路面强度需满足吊车吊运大型构件时的承载力要求。

（3）构件存放场地的布置宜避开地下车库区域，以免对车库顶板施加过大临时荷载，当采用地下室顶板作为堆放场地时，应对承载力进行计算，必要时应进行加固处理（需征得设计同意）。

（4）墙板（图2.1-4）、楼面板等重型构件宜靠近塔式起重机中心存放，阳台板、飘窗板等较轻构件可存放在起吊范围内的较远处。

（5）各类构件宜靠近且平行于临时道路排列，便于构件运输车辆卸货到位和施工中按顺序补货，避免二次倒运。

（6）不同构件堆放区域之间宜设宽度为 $0.8\sim1.2m$ 的通道。将预制构件存放位置按构件吊装位置进行划分，并用黄色油漆涂刷分隔线，并在各区域标注构件类型，存放构件时一一对应，提高吊装的准确性，便于堆放和吊装。

（7）构件存放宜按照吊装顺序及流水段配套堆放。

图 2.1-4　预制墙板堆放示意

2.2　进度控制

2.2.1　装配式施工项目总体施工进度控制

1. 装配式混凝土项目进度管控的原则和内容

（1）管控原则

装配式混凝土建造项目，应选择 EPC 总承包管理模式，最大限度上协调设计、生产、施工；坚持建筑、结构、机电、装修一体化的技术体系，从而从根本上提高设计、生产、建造效率。

（2）管控内容

项目的进度管控，应从设计、生产、施工等各环节统筹考虑，充分发挥 EPC 总承包的优势。设计方面，必须明确出图时间节点和出图深度；构件生产方面，应提前介入，熟悉图纸，对一些特殊构件提早准备；施工方面，应经常性地与各方沟通。

项目的进度管控，要从进度的事前控制、事中控制、事后控制等方面进行，形成计划、实施、调整（纠偏）的完整循环。

进度的事前控制，就是要确定工期目标、编制项目实施总进度计划及相应的分阶段（期）计划、相应的施工方案和保障措施。其中重点是明确设计的出图时间节点和施工进度计划的编制。

施工进度计划是施工现场各项施工活动在时间、空间上前后顺序的体现。合理编制施工进度计划就必须遵循施工技术程序的规律、根据施工方案和工程开展程序去进行组织，这样才能保证各项施工活动的紧密衔接和相互促进，起到充分利用资源，确保工程质量。施工进度计划按编制对象的不同可分为：施工总进度计划、单位工程进度计划、分阶段（或专项工程）工程进度计划、分部分项工程进度计划四种。施工进度计划编制后应进行工期优化、费用优化和资源优化，再确定最终计划。装配式混凝土工程在进度计划编制中，应重点关注起重设备使用计划和构件吊装计划情况，此两项内容应该单独编制细部计划。其中施工总进度计划、单位工程进度计划最好同时绘制网络图和横道图，方便计划调整和纠偏。

进度的事中控制主要是审核计划进度与实际进度的差异，并进行工程进度的动态管理，即分析进度差异的原因，提出调整的措施和方案，相应调整施工进度计划、资源供应计划。对于装配式混凝土工程，施工中应重点观察起重吊装机械的运行效率、构件安装效率等，并与计划和企业定额进行对比。另外，施工人员应经常性地与工厂保持联络。若现场条件允许，应保证一定的构件存放量。

进度的事后控制主要是当实际进度与计划进度发生偏差时，在分析原因的基础上应采取以下措施：

1）制定保证总工期不突破的措施。

2）制定总工期突破后的补救措施。

3）调整相应的施工计划，并组织协调相应的配套设施和保障措施。

2. 施工现场与设计、构件厂的协调

装配式混凝土结构的现场施工中预制构件的吊安处在关键线路上，是关键工作。而作为构件吊安的前提，构件的进场必须按计划得到保证。现在的施工项目中，由于构件供应不及时造成工期延误的情况屡有发生，其原因可能是设计、生产、运输、存放等多方面因素造成的，有时甚至是几种因素混合在一起，造成构件不能正常供应，影响施工进度。

设计是构件生产的前提，构件生产是现场吊安的前提。设计方出图时间和出图质量直接影响深化设计和工厂的生产准备，从而影响工程整体进度。所以，装配式混凝土建筑，要采用 EPC 总承包模式，统一协调管理，以期高效。对设计的进度要求一般在项目策划阶段，就同工程总进度计划一起予以明确。构件厂、施工现场技术人员应与设计人员紧密联系，必要时应召开协调会。

在工程总进度计划确定之后，施工单位应排出构件吊装计划，并要求构件厂排出构件生产计划。现场施工人员应同构件厂紧密联系，了解构件生产情况，并根据现场场地情况考虑构件存放量。一般而言，施工现场提前 45d 将计划书面通知构件厂为宜。驻厂监造人员应参与构件生产进度的监察和管控。构件厂应制定进度的保证措施和应急预案，包括调整排产计划、增加资源投入等。

构件进场前，施工单位应与构件厂商定每批构件的具体进场时间及进场次序。构件进场应充分考虑构件运输的限制因素（如所经道路是否限制大型车辆通行、限制的时间、是否限高、转弯半径等），确定场内外行车路线。

3. 工序之间的穿插

装配式建筑的施工工期优势，还体现在工序的穿插方面。施工中应与当地政府主管部门进行沟通，采取主体结构分段验收的形式，提前进行装饰装修施工的穿插，实现多作业面同时有序施工，提高整体效率。

2.2.2 施工现场进度控制

1. 构件吊安工作安排

下面以剪力墙结构、标准层构件吊安工作安排为例进行简要阐述：标准工期为 5d 一层，综合考虑前期装配施工，装配工人安装熟练程度，前 2～3 层装配施工按 7d 一层施工，待装配工人装配工序熟练后，可按 5d 一层施工。

标准层 5d 流水作业计划见表 2.2-1。

装配式建筑标准层流水施工作业表（五 d 一层）

表 2.2-1

资源 / 工序	第一天			第二天			第三天			第四天			第五天		
	7:00~12:00	13:00~18:00	晚上	7:00~12:00	13:00~18:00	晚上	7:00~12:00	13:00~18:00	晚上	7:00~12:00	13:00~18:00	晚上	7:00~12:00	13:00~18:00	晚上
塔式起重机	吊核心筒部位钢筋、墙板斜支撑（10:00开始）	吊外墙板（20min/块，计15块）	吊运钢筋、模板、斜支撑等材料	吊外墙板（20min/块，计15块）	吊内墙板（20min/块，计15块）	吊竖向支撑	预制构件卸车	预制构件卸车	预制构件卸车	吊叠合梁、梁板（梁10min/根，计15根；板15min/块，计10块）	吊叠合板（15min/块，计10块；楼梯跑20min/块，阳台板12min/块）	吊水电管线	吊叠合层钢筋	预制构件卸车	预制构件卸车
测量人员	测量放线														
构件安装工	预制墙板安装	预制墙板安装		预制墙板安装						叠合板、梁安装	叠合板、阳台、楼梯安装				
塞缝工		塞缝	塞缝	塞缝											
灌浆工				灌浆	灌浆		灌浆								
钢筋工	定位钢筋校正	绑扎核心筒部位竖向钢筋			绑扎现浇节点部位钢筋								叠合层钢筋绑扎	钢筋隐检（60min）	

续表

时间 工序 / 资源	第一天 7:00~12:00	第一天 13:00~18:00	第一天 晚上	第二天 7:00~12:00	第二天 13:00~18:00	第二天 晚上	第三天 7:00~12:00	第三天 13:00~18:00	第三天 晚上	第四天 7:00~12:00	第四天 13:00~18:00	第四天 晚上	第五天 7:00~12:00	第五天 13:00~18:00	第五天 晚上
水电工			核心筒部位水电管线安装									叠合层水电管线安装			
木工				核心筒部位隐检、封模		现浇节点部位隐检、封模	搭设竖向支撑	搭设竖向支撑							
混凝土工														浇筑混凝土	

注: 1. 本流水施工工期以标准层预制外墙板 30 块、内墙板 15 块、叠合梁 15 根、叠合板 20 块、叠合阳台板 9 块为例;

2. 本例考虑使用塔式起重机将预制构件从运输车卸至堆场;

3. 本标准层流水作业未考虑天气等不利因素,如遇天气等不利因素影响工期顺延。

2. 典型施工作业穿插安排

表 2.2-2 以某项目进行的循环穿插流水作业安排为例,供参考。$N\sim N\text{-}3$ 为混凝土结构施工阶段;$N\text{-}4\sim N\text{-}7$ 为二次结构施工阶段;$N\text{-}8\sim N\text{-}12$ 为装修施工阶段。

施工作业穿插作业安排 表 2.2-2

楼层	工作内容					
	结构	土建装修	机电安装	木工作业	腻子、油漆	专业分包
N	结构施工		预留预埋预埋			
N-1	拆模、梁板顶支撑保留、瑕疵处理、外墙修补打磨					
N-2	叠合梁板顶支撑拆除周转、PC 斜支撑拆除周转、室内打磨、清洁	螺杆眼封堵				
N-3	现浇梁板顶支撑拆除周转(铝模竖向支撑体系)	反坎施工、保温砂浆施工、层间止水	线管排堵			
N-4		厨卫间吊洞	室外排水立管、雨水管安装(一次装三层)			轻质隔墙安装
N-5		外窗框塞缝	室内排水立管安装(消防及生活,一次装四层)电管穿线			轻质隔墙安装外窗玻璃安装、外墙腻子、PC 打胶
N-6			室内水平水管安装及打压试验			外墙底漆、PC 打胶、阳台栏杆、外围护栏杆、楼梯栏杆安装
N-7	厨卫间结构蓄水试验	公共区域桥架安装				轻质隔墙板缝处理、厨卫防水、厨卫间二次蓄水试验

楼层	工作内容					
	结构	土建装修	机电安装	木工作业	腻子、油漆	专业分包
N-8		土建整改、精装修放线				入户门框、防火门安装、玻璃及窗扇安装
N-9				顶棚、户内门基层、厨卫间地砖安装	腻子、打磨（含公共区域）	
N-10		墙地砖、窗台石、门槛石、阴阳角修复（含公共区域）			底漆、第一遍面漆（含公共区域）	铝扣板/橱柜柜体、橱柜台面/淋浴屏
N-11			灯具、洁具、排气扇		第二遍面漆（含公共区域）	
N-12			插座、面板、打胶			厨具、户内门、木地板、柜体安装、入户门扇安装

3. 工期保证措施

（1）管理保证

1）进度计划编制

依据招标文件要求编排合理的总进度计划。以整个工程为对象，综合考虑各方面的情况，对施工过程作出战略性部署，确定主要施工阶段的开始时间及关键线路、工序，明确施工主攻方向。同时编制所有施工专业的分部、分项工程进度计划，在工序的安排上服从施工总进度计划的要求和规定，时间安排上留有一定余地，确保施工总目标的实现。

2）进度计划审批

为了确保施工总进度计划的顺利实施，各分包根据分包合同和施工大纲的要求，各自提供确保工期进度的具体执行计划，并经总包审批同意付诸实施。通过对各分包执行审核批准，使施工总进度计划在各个专业系统领域内得到有效地分解和落实。

3）分级计划控制

在进度计划体制上，实行分级计划控制，分三级进度控制计划编制。工程的进度管理是一个综合的系统工程，涵盖了技术、资源、商务、质量检验、安全检查等多方面的因素，因此根据总控工期、阶段工期和分项工程的工程量制定的各种派生计划，是进度管理的重要组成部分，按照最迟完成或最迟准备的插入时间原则，制定各类派生保证计划，做到施工有条不紊、有章可循。

4）进度计划调整

在进度监控过程中，一旦发现实际进度与计划进度不符，即有偏差时，进度控制人员必须认真寻找产生进度偏差的原因，分析该偏差对后续工作和对总工期的影响。及时调整施工计划，并采取必要的措施以确保进度目标实现。

（2）资源保证

1）施工人员

装配式混凝土结构施工现场所需人工数量少于传统现浇结构，但工人的质量需求有所提高。特别是关键工序的操作工人（如构件安装、灌浆等），应具备相应的知识和过硬的技能水准。因此，施工现场应保证此类工人相对固定。尤其在农忙和节假日期间，应对现场关键工序操作工人情况详细摸底，必要时重新安排劳动力。要做好工人的培训和交底工作，提高工人素质。

2）施工机械设备

装配式混凝土结构施工现场所需吊装起重吊装设备规格或数量大于传统现浇结构。施工前应做好起重设备的选型和布置，兼顾效率和经济。塔式起重机顶升和附着要与施工紧密配合，必要时现场或堆场可配备汽车吊等加以辅助。对于一些装配式混凝土结构施工特有的工具，应按需配备并检验。

（3）经济保证

1）预算管理

执行严格的预算管理。施工准备期间，编制项目全过程现金流量表，预测项目的现金流，对资金做到平衡使用，以丰补缺，避免资金的无计划管理。

2）支出管理

执行专款专用制度。建立专门的工程资金账户，随着工程各阶段控制日期的完成，及时支付各专业分包的劳务费用，防止施工中因为资金问题而影响工程的进展，充分保证劳动力、机械、材料的及时进场；资金压力分解：在选择分包商、材料供应商时，提出部分支付的条件，向同意部分支付又相对资金雄厚的合格分包商、供应商进行倾斜。

2.3 资源配置

2.3.1 劳动力配置

施工项目劳动力是项目经理部参加施工项目生产活动的人员总称。劳动力配置核心是按照施工项目的特点和目标要求，合理地组织、高效率地使用和管理劳动力，并按项目进度的需要不断调整劳动量、劳动力组织及劳动协作关系。装配式混凝土建筑施工劳动力有吊装工、灌浆工等工种。

1. 吊装作业班组劳动力配置（图2.3-1）

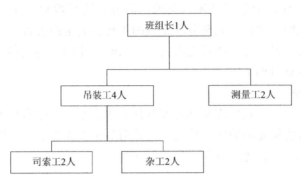

图 2.3-1　吊装作业班组配置

装配整体式混凝土结构在构件施工中，需要进行大量的吊装作业，吊装作业的效率将直接影响工程施工的进度，吊装作业的安全将直接影响施工现场的安全文明管理。吊装作业班组一般由班组长、吊装工、测量放线工、司索工等组成。

2. 灌浆作业班组劳动力配置

灌浆作业施工由若干班组组成，每组应不少于2人，一人负责注浆作业，一人负责调浆及灌浆溢流孔封堵工作。

3. 劳动力组织技能培训

1）吊装工序施工作业前，应对工人进行专门的吊装作业安全意识培训。构件安装前应对工人进行构件安装专项技术交底，确保构件安装质量一次到位。

2）灌浆作业施工前，应对工人进行专门的灌浆作业技能培训，模拟现场灌浆施工作业流程，提高灌浆工人的质量意识和业务技能，确保构件灌浆作业的施工质量。

2.3.2　材料、预制构件配置

1. 材料、预制构件配置要求

施工材料、预制构件配置是为顺利完成项目施工任务，从施工准备到项目竣工交付为止所进行的施工材料和构件计划、采购运输、库存保管、使用、回收等所有的相关管理工作。

1）根据现场施工所需的数量、构件型号，提前通知供货厂家按照提供的构件生产和进场计划组织好运输车辆，有序地运送到现场。

2）装配整体式结构采用的灌浆料、套筒等材料的规格、品种、型号和质量必须满足设计和有关规范、标准的要求，坐浆料和灌浆料应提前进场取样送检，避免影响后续施工。

3）预制构件的尺寸、外观、钢筋等，必须满足设计和有关规范、标准的要求。

4）外墙装饰类构件、材料应符合现行国家规范和设计的要求，同时应符合经业主批准的材料样板的要求，并应根据材料的特性、使用部位来进行选择。

5）建立管理台账，进行材料收、发、储、运等环节的技术管理，对预制构件进行分类有序堆放。此外同类预制构件应采取编码使用管理，防止装配过程中出现位置错装问题。

2. 工装准备

为了满足工程施工要求，首先，应编制工程材料、预制构件、工装系统需用计划，同时根据施工进度的要求，项目施工中各分项工程的管理人员还要编制月、周材料物资的需用量的进场计划。项目组织各种材料、预制构件、工装系统进场，并负责材料、预制构件、工装系统的搬运、存储、保管及分发。其次，为保证施工中的所用的各种材料、预制构件、工装系统满足质量要求，应有以下措施：

1）所有进场的材料、工装系统必须有出厂合格证。

2）严格的材料、工装系统进场验收制度，质检员、材料员、试验员和分管各工种的工长要参加材料、工装系统进场验收。

3）材料、工装系统的申请报验，进场及时报请监理、建设单位进行外观等质量检查，同时进行现场抽检试验，合格后方能投入使用。

4）专人负责材料、工装系统的保管及分发领用。

5）施工中的材料、工装系统等资源设专人负责清理分类堆放整齐。不合格的资源及时退场，并有退场记录。

3. 支撑体系

1）预制剪力墙（柱）斜支撑（图 2.3-2）

预制剪力墙（柱）的斜支撑主要是为了避免预制剪力墙（柱）在灌浆料达到强度之前，墙体（柱）出现倾覆的情况，斜撑的布置具体参照剪力墙的具体尺寸、内部钢筋的绑扎和内部的预埋件的位置进行布置。

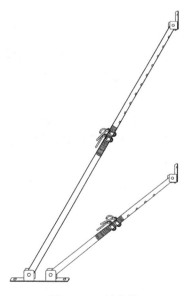

图 2.3-2　斜支撑

2）叠合板底支撑体系（图 2.3-3）

叠合楼板的支撑采用独立支撑体系，独立支撑体系用于支撑预制水平构件，通过调节独立支撑高度，实现构件标高控制。独立支撑调节范围为 0.5～4.5m，支撑标高允许偏差 ±5mm。

图 2.3-3 独立支撑

2.3.3 机械设备配置

机械设备配置是对机械设备全过程的管理，即从选购机械设备开始，经过投入使用、磨损、维保、停用、拆安等全过程进行管理。装配式混凝土建筑施工与传统现浇结构施工相比吊装工程量较大，垂直运输设备的配置尤为重要。

1. 机械设备选型依据

1）工程的特点：根据工程平面分布、长度、高度、宽度、结构形式等确定设备选型。

2）工程量：充分考虑建设工程需要加工运输的工程量大小，决定选用的设备型号。

3）施工项目的施工条件：现场道路条件、周边环境条件、现场平面布置条件等。

2. 吊运设备的选型

装配整体式混凝土结构，一般情况下采用的预制构件体型重大，人工很难对其加以吊运安装作业，通常情况下我们需要采用大型机械吊运设备完成构件的吊运安装工作。吊运设备分为移动式汽车起重机和塔式起重机（图 2.3-4、图 2.3-5）。在实际施工过程中应合理地使用两种吊装设备，使其优缺点互补，以便于更好地完成各类构件的装卸运输吊运安装工作，取得最佳的经济效益。

图 2.3-4 移动式汽车起重机

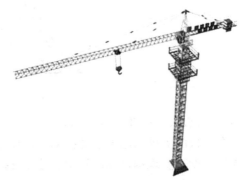

图 2.3-5 塔式起重机

1）移动式汽车起重机选择

在装配整体式混凝土结构施工中，对于吊运设备的选择，通常会根据设备造价、合同周期、施工现场环境、建筑高度、构件吊运质量等因素综合考虑确定。一般情况下，在低层、多层装配整体式混凝土结构施工中，预制构件的吊运安装作业通常采用移动式汽车起重机，当现场构件需二次倒运时，可采用移动式汽车起重机。

2）塔式起重机选择

塔式起重机选型首先取决于装配整体式混凝土结构的工程规模，如小型多层装配整体式混凝土结构工程，可选择小型的经济型塔式起重机，高层建筑的塔式起重机选择，宜选择与之相匹配的起重机械，因垂直运输能力直接决定结构施工速度的快慢，要对不同塔式起重机的差价与加快进度的综合经济效果进行比较，要合理选择。

2.4　各方协同

2.4.1　总承包与建设、监理的协同

EPC 项目开展期间，总承包方要向建设方通报工作情况，并与他们协商工作事项，商定议事规则及程序，确立例会制度。同时，EPC 总承包还要协助建设方办理开工前的各项审批手续及落实现场施工条件，并与建设方商定如出图计划、施工场地不足而产生的占道、占地及外租场地，解决临时生产及生活用地等事宜。

装配式混凝土建筑施工涉及预制构件生产环节，EPC 工程总承包单位应与监理单位提前协商，监理单位应安排专人前往预制构件厂进行长期的驻厂监造，生产期间对构件进行隐蔽验收，对构件相关材料进行见证送检，驻场监理每日必须对当日构件生产、验收、送检情况做驻场日记，同时以监理日报形式向工地现场监理部作相关工作汇报。

2.4.2　总承包与政府行业监管部门的协同

政府行业监管部门和建设单位、监理单位、EPC 总承包商、第三方检测中心、分包商在工程建设过程中是监督与被监督的关系，各方应密切协作、加强管理，建立正常的联系渠道，强化信息交流手段。政府行业监管部门代表政府部门对总承包项目行使政府质量监督职能。

在总承包项目的竣工验收阶段，建设单位负责项目的竣工验收工作，EPC 总承包商先进行预验收，并积极配合建设单位的各项验收工作，监理单位和政府行业监管部门等也参与其中。装配式建筑过程施工阶段，应与政府行业监管部门协商过程分段验收方案，以便后续精装等工序的提前插入。

2.4.3　设计与生产的协同

在方案设计阶段，应配合设计进行预制外墙立面设计，确定构件宜生产加工。

初步设计阶段，应配合设计进行预制构件拆分，提供工厂生产模台尺寸和吊车吊重等资料。

在施工图设计阶段，应配合结构设计进行预制构件拆分深化设计、构件连接节点设

计、构件钢筋标准化配筋设计、构件钢筋优化构造设计以及预留预埋设计。

配套模具设计技术、模具装拆技术应协同结构构件拆分设计技术和构件钢筋构造设计技术，以标准化配套、易于组装为原则。

构件吊装技术应协同结构构件拆分设计技术和预留预埋设计技术，以与构件匹配化、标准化为原则。

2.4.4 设计与施工的协同

在方案设计阶段，应配合设计进行总平面布置，充分考虑预制构件运输、存放、装配化吊装施工等因素，确定运输通道、塔式起重机布置和构件临时堆场的设计。

在施工图设计阶段，应配合结构设计进行预制构件拆分深化设计、构件连接节点设计以及预留预埋设计。

支撑施工技术应协同结构构件拆分设计技术和预留预埋设计技术，在保证安全的前提下，采用标准化、工具化支撑体系，以少支撑、免支撑为原则。

外架施工技术应协同结构体系设计技术、结构构件拆分设计技术和预留预埋设计技术，采用标准化、工具化外架体系，以提供合适高空作业平台，自动化快捷爬升为原则。

2.4.5 各专业之间的协同

遵循建筑、结构、机电、内装一体化的原则，进行协同设计、协同生产、协同装配。利用BIM的三维可视化、专业协同、信息共享平台，实现建筑、结构、机电、内装各系统的设计、生产、装配全过程协同。在技术策划阶段，应充分了解项目定位、建设规模、产业化目标、成本限额、外部条件等影响因素，与结构、内装、机电等专业协同确定建筑结构体系、建筑内装体系、设备管线综合方案，遵循标准化、模块化、一体化的设计原则，制定合理的建筑设计方案，提高预制构件和内装部品的标准化程度。应有BIM完整概念的策划。通过信息化技术来提高工程建设各阶段、各专业之间协同配合、效率和质量，实现一体化管理。

3 装配式混凝土结构施工关键技术

3.1 装配式混凝土结构施工技术概述

装配式混凝土结构是指由预制混凝土构件通过可靠的连接方式装配而成的混凝土结构。

3.1.1 装配式混凝土结构分类

装配式混凝土结构体系一般可概括为装配式混凝土剪力墙结构体系、装配式混凝土框架结构体系、装配式混凝土框架-剪力墙结构体系、装配式预应力混凝土框架结构体系等。各种结构体系的选择可根据具体工程的高度、平面、体型、抗震等级、设防烈度及功能特点来确定。

1. 装配式混凝土剪力墙结构体系

装配式混凝土剪力墙结构体系为将工程主要受力构件剪力墙、梁、板部分或全部由预制混凝土构件（预制墙板、叠合梁、叠合板）组成的装配式混凝土结构。其工业化程度高，房间空间完整，几乎无梁柱外露，可选择局部或全部预制，适用于住宅、旅馆等小开间建筑。

2. 装配式混凝土框架结构体系

装配式混凝土框架结构体系为混凝土结构全部或部分采用预制柱或叠合梁、叠合板、双T板等构件，竖向受力构件之间通过套筒灌浆形式连接，水平受力构件之间通过套筒灌浆或后浇混凝土形式连接，节点部位通过后浇或叠合方式形成可靠传力机制，并满足承载力和变形要求的结构形式。装配式框架结构体系工业化程度高，内部空间自由度好，可以形成大空间，满足室内多功能变化的需求，适用于办公楼、酒店、商务公寓、学校、医院等建筑。

3. 装配式混凝土框架-剪力墙结构体系

装配式混凝土框架-剪力墙结构体系是由框架与剪力墙组合而成的装配式结构体系，将预制混凝土柱、预制梁，以及预制墙体在工厂加工制作后运至施工现场，通过套筒灌浆或现浇混凝土等方法装配形成整体的混凝土结构形式。该体系工业化程度高，内部空间自由度较好，适用于高层、超高层的商用与民用建筑。

4. 装配式预应力混凝土框架结构体系

装配式预应力混凝土框架结构体系是指一种装配式、后张、有粘结预应力的混凝土框架结构形式。建筑的梁、柱、板等主要受力构件均在工厂加工完成，预制构件运至施工现场吊装就位后，将预应力筋穿过梁柱预留孔道，对其实施预应力张拉预压后灌浆，构成整体受力节点和连续受力框架。该体系在提升承载力的同时，能有效节约材料，可实现大跨度并最大限度满足建筑功能和空间布局。预应力框架的整体性及抗震性能较佳，有良好的延性和变形恢复能力，有利于震后建筑物的修复。在装配式预应力混凝土框架结构体系中，装配式预应力双 T 板结构体系应用较为广泛，其梁、板结合的预制钢筋混凝土承载构件由宽大的面板和两根窄而高的肋组成。其面板既是横向承重结构，又是纵向承重肋的受压区。在单层、多层和高层建筑中，双 T 板可以直接搁置在框架梁或承重墙上作为楼层或屋盖结构。预应力双 T 板跨度可达 20m 以上，如用高强轻质混凝土则可达 30m 以上。

3.1.2 装配式建筑结构部件

装配混凝土结构常用预制构件主要有预制混凝土柱、预制混凝土梁、预制混凝土楼板、预制混凝土墙板、预制混凝土双 T 板、预制混凝土楼梯、预制阳台、预制空调板等构件。

1. 预制混凝土柱

预制混凝土柱在工厂预制完成，为了结构连接的需要，需在端部留置插筋，如图 3.1-1 所示。

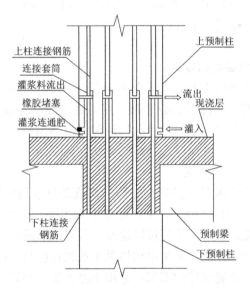

图 3.1-1　预制混凝土柱连接示意

2. 预制混凝土梁

预制混凝土梁在工厂预制完成，有预制实心梁和预制叠合梁。为了结构连接的需要，预制梁在端部需要留置锚筋；叠合梁箍筋可采用整体封闭箍或组合式封闭箍筋。组合式封闭箍筋是指 U 形上开口箍筋和 Π 形下开口箍筋，共同组合形成的封闭箍筋。叠合梁箍筋设置如图 3.1-2 所示。

3. 预制混凝土楼板

预制混凝土楼板包括预制实心混凝土板、预制混凝土叠合板。预制混凝土叠合板最常见的主要有两种，一种是桁架钢筋混凝土叠合板（图 3.1-3），另一种是预制预应力混凝土叠合板，包括预制实心平底板混凝土叠合板、预制带肋底板混凝土叠合板和预制空心底板混凝土叠合板等。

图 3.1-2 预制混凝土梁

4. 预制混凝土墙板

预制混凝土墙板种类有预制混凝土实心剪力墙墙板（图 3.1-4）、预制混凝土夹心保温剪力墙板、预制混凝土双面叠合剪力墙墙板、预制混凝土外挂墙板等。

图 3.1-3 预制混凝土叠合板

图 3.1-4 预制混凝土外墙板

5. 预制混凝土双 T 板

预制混凝土双 T 板是板、梁结合的预制钢筋混凝土承载构件，由宽大的面板和两根窄而高的肋组成（图 3.1-5）。其面板既是横向承重结构，又是纵向承重肋的受压区。双 T 板屋盖有等截面和双坡变截面两种，前者也可用于墙板。在单层、多层和高层建筑中，双 T 板可以直接搁置在框架、梁或承重墙上，作为楼层或屋盖结构。

6. 预制混凝土楼梯

预制混凝土楼梯按其构造方式可分为梁承式、墙承式和墙悬臂式等类型。目前常用预制楼梯为预制钢筋混凝土板式双跑楼梯和剪刀楼梯，其在工厂预制完成（图 3.1-6），在现场进行吊装。预制楼梯具有以下优点：

（1）预制楼梯安装后可作为施工通道。

（2）预制楼梯受力明确，地震时支座不会受弯破坏，保证了逃生通道，同时楼梯不会对梁柱造成伤害。

图 3.1-5　预制混凝土双 T 板

图 3.1-6　预制混凝土楼梯

7. 预制混凝土阳台

预制阳台通常包括叠合板式阳台、全预制板式阳台和全预制梁式阳台（图 3.1-7）。预制阳台板能够克服现浇阳台的缺点，解决了阳台支模复杂，现场高空作业费时费力的问题，还能避免在施工过程中，由于工人踩踏使阳台楼板上部的受力筋被踩到下面，从而导致阳台拆模后下垂的质量通病。

图 3.1-7　预制混凝土阳台

8. 其他构件

根据结构设计不同，实际应用还会有其他构件，如空调板、女儿墙、外挂板、飘窗等（图 3.1-8～图 3.1-10）。

预制飘窗即将飘窗外侧的上翻线条和飘窗板分别进行预制或整体预制并预留两侧钢筋便于结构连接，板底钢筋锚入叠合梁、叠合板结构中；预制女儿墙包括夹心保温式女儿墙和非保温式女儿墙等。

图 3.1-8 预制混凝土外挂板

图 3.1-9 预制混凝土飘窗

图 3.1-10 预制女儿墙

3.1.3 装配式结构施工流程

（1）装配式混凝土结构由水平受力构件和竖向受力构件组成，预制构件采用工厂化生产，构件运至施工现场后通过装配及后浇形成整体结构，其中竖向结构通过灌浆套筒连接、浆锚连接或其他方式进行连接，水平向钢筋通过机械连接、绑扎锚固或其他方式连接，局部节点采用后浇混凝土结合，其整体施工流程如图 3.1-11 所示。

（2）预制外挂板、预制阳台、预制楼梯通常在预制部分上预留锚筋，锚筋深入叠合现浇层内，因此装配式建筑其预制构件吊装顺序如下：

预制墙（柱）吊装→预制梁吊装→预制板吊装→预制外挂板吊装→预制阳台板吊装→楼梯吊装→现浇结构工程及机电配管施工→现浇混凝土施工。其中预制楼梯也可在现浇混凝土施工完毕拆模后进行吊装。

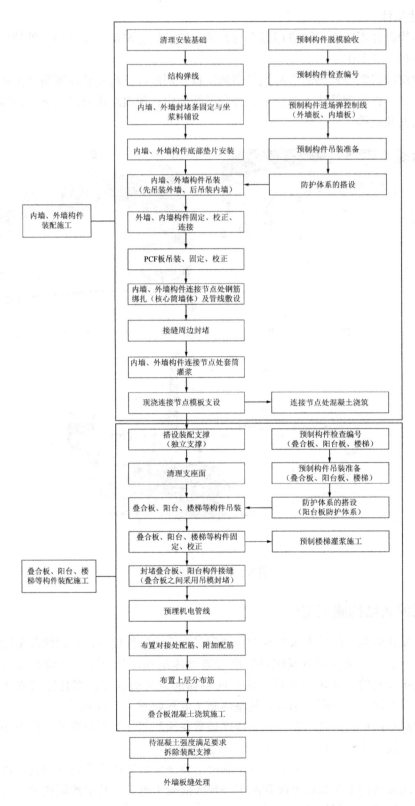

图 3.1-11　装配式结构施工流程图

3.1.4 装配式结构连接技术概述

预制装配式建筑依靠节点连接及拼缝将预制构件连接成为整体，其设计通过合理的连接节点与构造，保证构件的连续性和整体稳定性，使结构具有必要的承载能力、刚性和延性，以及良好的抗风、抗震和抗偶然荷载的能力。常用的连接方式包括套筒灌浆连接、浆锚连接以及现浇连接。

1. 套筒灌浆连接

（1）套筒灌浆连接即通过预埋灌浆套筒，采用后注浆的方式进行连接，适用大直径钢筋和钢筋集中连接，应用广泛，技术成熟。套筒灌浆连接可采用直接连接和间接连接等形式，便于现场操作；也可采用群灌技术灌浆，使用效率较高。套筒灌浆连接按照结构形式分为半灌浆连接和全灌浆连接（图 3.1-12），半灌浆连接通常是上端钢筋采用直螺纹、下端钢筋通过灌浆料与灌浆套筒进行连接，一般用于预制剪力墙、框架柱主筋连接。全灌浆连接是两端钢筋均通过灌浆料与套筒进行的连接，一般用于预制框架梁主筋的连接。

（2）灌浆套筒采用金属材质圆筒，两根连接钢筋分别从两端插入对接，套筒内注满水泥基灌浆料，通过灌浆料的传力作用实现钢筋连接。灌浆套筒分为全灌浆套筒和半灌浆套筒，是装配式建筑最主要的配套产品。

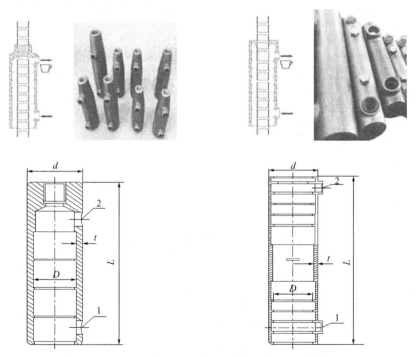

图 3.1-12　全灌浆套筒、半灌浆套筒示意
1—灌浆孔；2—排浆孔；L—套筒总长；
d—套筒外径；D—套筒锚固段环形突起部分的内径

（3）钢筋连接用套筒灌浆料是以水泥为基本材料，并配以细骨料、外加剂及其他材料混合成干混料，按照比例加水搅拌后具有流动性、早强、高强度及微膨胀等特点

（表 3.1-1）。套筒灌浆料填充于套筒和带肋钢筋间隙之间，起到传递受力、握裹连接钢筋于同一点的作用。

钢筋套筒用灌浆料性能要求   表 3.1-1

项　目		性能指标
沁水率（%）		0
流动度（mm）	初始值	≥300
	30min 保留值	≥260
竖向膨胀率（%）	3h	≥0.02
	24h 与 3h 的膨胀率之差	0.02～0.5
抗压强度（MPa）	1d	≥35
	3d	≥60
	28d	≥85
最大氯离子含量（%）		≤0.03

2. 浆锚连接

浆锚连接分为金属波纹管浆锚间接搭接连接和约束浆锚搭接。金属波纹管浆锚间接搭接连接搭接处使用金属波纹管，适用于小直径钢筋连接，其技术容易掌握、成本低；约束浆锚搭接连接搭接范围内配置约束螺旋箍筋，形成约束混凝土区，灌浆料为高性能补偿收缩水泥基材料，可采用压力注浆，适用于 7 度设防以下地区的中等高度建筑，其不需要使用套筒，对灌浆料的技术要求较低，制作成本低。

3. 现浇连接

现浇连接通过预制构件端头部分的合理节点设置，后浇混凝土进行连接，包括双皮墙连接、环形筋连接等。

3.2　预制构件现场堆放

装配式建筑施工中，预制构件品类多，数量大，无论在生产还是施工现场均占用较大场地面积，合理有序地对构件进行分类堆放，对于减少构件堆场使用面积，加强成品保护，加快施工进度，构件文明施工环境均具有重要意义。预制构件的堆放应按规范要求进行，确保预制构件在使用之前不受破坏，运输及吊装时能快速、便捷找到对应构件为基本原则。

3.2.1　场地要求

（1）施工场地场地出入口不宜小于 6m，场地内施工道路宽度应满足构件运输车辆双向开行及卸货吊车的支设空间。

（2）若受场地面积限制，预制构件也可由运输车车辆分块吊运至作业层进行安装。构件进场计划应根据施工进度及时调整，避免延误工期。

（3）预制构件的存放场地宜为混凝土硬化地面或经人工处理的自然地坪，应满足平整度和地基承载力要求，并应有排水措施。

（4）堆放预制构件时应使构件与地面之间留有一定空隙，避免与地面直接接触，须搁置于木头或软性材料上（如塑料垫片），堆放构件的支垫应坚实牢靠，且表面有防止污染构件的措施。

（5）预制构件的堆放场地选择应满足吊装设备的有效起重范围，尽量避免出现二次吊运，以免造成工期延误及费用增加。场地大小选择应根据构件数量、尺寸及安装计划综合确定。

（6）预制构件应按规格型号、出厂日期、使用部位、吊装顺序分类存放，编号清晰。不同类型构件之间应留有不少于 0.7m 的人行通道。

（7）预制构件存放区域 2m 范围内不应进行电焊、气焊作业，以免污染产品。露天堆放时，预制构件的预埋铁件应有防止锈蚀的措施，易积水的预留、预埋空洞等应采取封堵措施。

（8）预制构件应采用合理的防潮、防雨、防边角损伤措施，堆放边角处应设置明显的警示隔离标识，防止车辆或机械设备碰撞。

3.2.2 堆放方式

构件堆放方法主要有平放和立（竖）放两种，具体选择时应根据构件的刚度及受力情况区分，通常情况下，梁、柱等细长构件宜水平堆放，且不少于 2 条垫木支撑；墙板宜采用托架立放，上部两点支撑；楼板、楼梯、阳台板等构件宜水平叠放，叠放层数应根据构件与垫木或垫块的承载力及堆垛的稳定性确定，必要时应设置防止构件倾覆的支架。叠合板预制底板水平叠放层数不应大于 6 层；预制阳台水平叠放层数不应大于 4 层，预制楼梯水平叠放层数不应大于 6 层。

1. 平放时的注意事项

（1）对于宽度不大于 500mm 的构件，宜采用通长垫木，宽度大于 500mm 的构件，可采用不通长垫木，放上构件后可在上面放置同样的垫木，若构件受场地条件限制需增加堆放层数须经承载力验算。

（2）垫木上下位置之间如果存在错位，构件除了承受垂直荷载，还要承受弯曲应力和剪切力，所以必须放置在同一条线上。

（3）构件平放时应使吊环向上标识向外，便于查找及吊运。

2. 竖放时的注意事项

（1）立放可分为插放和靠放两种方式，插放时场地必须清理干净，插放架必须牢固，挂钩应扶稳构件，垂直落地，靠放时应有牢固的靠放架，必须对称靠放和吊运，其倾斜度应保持大于 80°，构件上部用垫块隔开。

（2）构件的断面高宽比大于 2.5 时，堆放时下部应加支撑或有坚固的堆放架，上部应拉牢固定，避免倾倒。

（3）要将地面压实并铺上混凝土等，铺设路面要整修为粗糙面，防止脚手架滑动。

（4）柱和梁等立体构件要根据各自的形状和配筋选择合适的储存方法。

3.2.3 构件堆放示例

1. 预制剪力墙堆放 （图 3.2-1、图 3.2-2）

墙板垂直立放时，宜采用专用 A 字架形式插放或对称靠放，长期靠放时必须加安全塑料带捆绑或钢索固定，支架应有足够的刚度，并支垫稳固。墙板直立存放时必须考虑上下左右不得摇晃，且须考虑地震时是否稳固。预制外挂墙板外饰面朝内，墙板搁支尽量避免与刚性支架直接接触，以枕木或者软性垫片加以隔开避免碰坏墙板，并将墙板底部垫上枕木或者软性的垫片。

图 3.2-1　预制剪力墙堆放示意

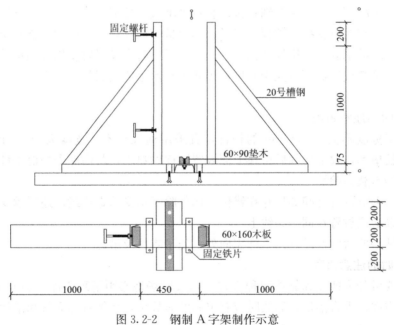

图 3.2-2　钢制 A 字架制作示意

2. 预制梁、柱堆放 （图 3.2-3）

预制梁、柱等细长构件宜水平堆放，预埋吊装孔表面朝上，高度不宜超过 2 层，且不宜超过 2.0m。实心梁、柱须于两端 $0.2 \sim 0.25L$ 间垫上枕木，底部支撑高度不小于 100mm，若为叠合梁，则须将枕木垫于实心处，不可让薄壁部位受力。

图 3.2-3　预制梁、柱构件堆放示意

3. 预制板类构件堆放（图 3.2-4）

预制板类构件可采用叠放方式存放，其叠放高度应按构件强度、地面耐压力、垫木强度以及垛堆的稳定而确定，构件层与层之间应垫平、垫实，各层支垫应上下对齐，最下面一层支垫应通长设置，一般情况下，叠放层数不宜大于 5 层，吊环向上，标志向外，混凝土养护期未满的应继续洒水养护。

图 3.2-4　预制叠合板堆放示意

4. 预制楼梯或阳台堆放（图 3.2-5）

楼梯或异形构件若需堆置两层时，必须考虑支撑稳固性，且高度不宜过高，必要时应设置堆置架以确保堆置安全。

图 3.2-5　预制楼梯构件堆放示意

3.3 构件安装技术

3.3.1 安装前准备

装配式混凝土结构的特点之一就是有大量的现场吊装工作，其施工精度要求高，吊装过程安全隐患较大。因此，在预制构件正式安装前必须做好完善的准备工作，如制定构件安装流程，预制构件、材料、预埋件、临时支撑等应按国家现行有关标准及设计验收合格，并按施工方案、工艺和操作规程的要求做好人、机、料的各项准备，方能确保优质高效安全地完成施工任务。

1. 技术准备

（1）预制构件安装施工前，应编制专项施工方案，并按设计要求对各工况进行施工验算和施工技术交底。

（2）安装施工前对施工作业工人进行安全作业培训和安全技术交底。

（3）吊装前应合理规划吊装顺序，除满足墙（柱）、叠合板、叠合梁、楼梯、阳台等预制构件外还应结合施工现场情况，满足先外后内，先低后高原则。绘制吊装作业流程图，方便吊装机械行走，达到经济效益。

2. 人员安排

构件安装是装配式结构施工的重要施工工艺，将影响整个建筑质量安全。因此，施工现场的安装应由专业的产业化工人操作，包括司机、吊装工、信号工等。

（1）装配式混凝土结构施工前，施工单位应对管理人员及安装人员进行专项培训和相关交底。

（2）施工现场必须选派具有丰富吊装经验的信号指挥人员、挂钩人员，作业人员施工前必须检查身体，对患有不宜高空作业疾病的人员不得安排高空作业。特种作业人员必须经过专门的安全培训，经考核合格，持特种作业操作资格证书上岗。特种作业人员应按规定进行体检和复审。

（3）起重吊装作业前，应根据施工组织设计要求划定危险作业区域，在主要施工部位、作业点、危险区、都必须设置醒目的警示标志，设专人加强安全警戒，防止无关人员进入。还应视现场作业环境专门设置监护人员，防止高处作业或交叉作业时造成的落物伤人事故。

3. 现场条件准备

（1）检查构件套筒或浆锚孔是否堵塞。当套筒、预留孔内有杂物时，应当及时清理干净。用手电筒补光检查，发现异物用气体或钢筋将异物消掉。

（2）将连接部位浮灰清扫干净。

（3）对于柱子、剪力墙板等竖直构件，安好调整标高的支垫（在预埋螺母中旋入螺栓或在设计位置安放金属垫块），准备好斜支撑部件；检查斜支撑地销。

（4）对于叠合楼板、梁、阳台板、挑檐板等水平构件，架立好竖向支撑。

（5）伸出钢筋采用机械套筒连接时，须在吊装前在伸出钢筋端部套上套筒。

（6）外挂墙板安装节点连接部件的准备，如果需要水平牵引，牵引葫芦吊点设置、工具准备等。

（7）检验预制构件质量和性能是否符合现行国家规范要求。未经检验或不合格的产品不得使用。

（8）所有构件吊装前应做好截面控制线，方便吊装过程中调整和检验，有利于质量控制。

（9）安装前，复核测量放线及安装定位标识。

4. 机具及材料准备

（1）阅读起重机械吊装参数及相关说明（吊装名称、数量、单件质量、安装高度等参数），并检查起重机械性能，以免吊装过程中出现无法吊装或机械损坏停止吊装等现象，杜绝重大安全隐患。

（2）安装前应对起重机械设备进行试车检验并调试合格，宜选择具有代表性的构件或单元试安装，并应根据试安装结构及时调整完善施工方案和施工工艺。

（3）应根据预制构件形状、尺寸及重量要求选择适宜的吊具，在吊装过程中，吊索水平夹角不宜小于 60°，不应小于 45°；尺寸较大或形状复杂的预制构件应选择设置分配梁或分配桁架的吊具，并应保证吊车主钩位置、吊具及构件重心在竖直方向重合。

（4）准备牵引绳等辅助工具、材料，并确保其完好性，特别是绳索是否有破损，吊钩卡环是否有问题等。

（5）准备好灌浆料、灌浆设备、工具，调试灌浆泵。

3.3.2 预制墙板安装

1. 施工流程

基础清理及定位放线→封浆条及垫片安装→预制墙板吊运→预留钢筋插入就位→墙板调整校正→墙板临时固定→砂浆塞缝→PCF 板吊装固定→连接节点钢筋绑扎→套筒灌浆→连接节点封模→连接节点混凝土浇筑→接缝防水施工。

2. 预制墙板安装应符合下列要求

（1）预制墙板安装应设置临时斜撑，每件预制墙板安装过程的临时斜撑应不少于 2 道，临时斜撑宜设置调节装置，支撑点位置距离底板不宜大于板高的 2/3，且不应小于板高的 1/2，斜支撑的预埋件安装、定位应准确。

（2）预制墙板安装时应设置底部限位装置，每件预制墙板底部限位装置不少于 2 个，间距不宜大于 4m。

（3）临时固定措施的拆除应在预制构件与结构可靠连接，且装配式混凝土结构能达到后续施工要求后进行。

（4）预制墙板安装过程应符合下列规定：

1）构件底部应设置可调整接缝间隙和底部标高的垫块。

2）钢筋套筒灌浆连接、钢筋锚固搭接连接灌浆前应对接缝周围进行封堵。

3）墙板底部采用坐浆时，其厚度不宜大于 20mm。

4）墙板底部应分区灌浆，分区长度 1~1.5m。

（5）预制墙板校核与调整应符合下列规定：

1）预制墙板安装垂直度应满足外墙板面垂直为主。

2）预制墙板拼缝校核与调整应以竖缝为主，横缝为辅。

3）预制墙板阳角位置相邻的平整度校核与调整；应以阳角垂直度为基准。

3. 主要安装工艺

（1）定位放线

在楼板上根据图纸及定位轴线放出预制墙体定位边线及 200mm 控制线，同时在预制墙体吊装前，在预制墙体上放出墙体 500mm 水平控制线，便于预制墙体安装过程中精确定位（图 3.3-1）。

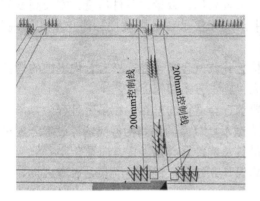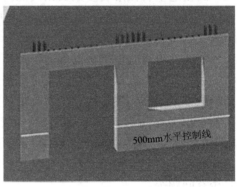

图 3.3-1　楼板及墙体控制线示意

（2）调整偏位钢筋

预制墙体吊装前，为了便于预制构件快速安装，使用定位框检查竖向连接钢筋是否偏位，针对偏位钢筋用钢筋套管进行校正，便于后续预制墙体精确安装（图 3.3-2）。

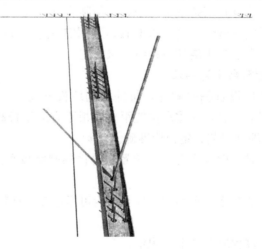

图 3.3-2　钢筋偏位校正

（3）预制墙体吊装就位

预制墙板吊装时，为了保证墙体构件整体受力均匀，采用专用吊梁（即模数化通用吊梁），专用吊梁由 H 型钢焊接而成，根据各预制构件吊装时不同尺寸，不同的起吊点位置，设置模数化吊点，确保预制构件在吊装时吊装钢丝绳保持竖直。专用吊梁下方设置专用吊钩，用于悬挂吊索，进行不同类型预制墙体的吊装（图 3.3-3）。

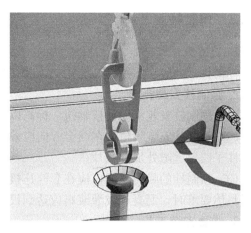

图 3.3-3 预制墙体专用吊梁、吊钩

预制墙体吊装过程中，距楼板面 1000mm 处减缓下落速度，由操作人员引导墙体降落，操作人员观察连接钢筋是否对孔，直至钢筋与套筒全部连接（预制墙体安装时，按顺时针依次安装，先吊装外墙板后吊装内墙板）。

（4）安装斜向支撑及底部限位装置

预制墙体吊装就位后，先安装斜向支撑，斜向支撑用于固定调节预制墙体，确保预制墙体安装垂直度（图 3.3-4）；再安装预制墙体底部限位装置七字码，用于加固墙体与主体结构的连接，确保后续灌浆与暗柱混凝土浇筑时不产生位移。墙体通过靠尺校核其垂直度，如有偏位，调节斜向支撑，确保构件的水平位置及垂直度均达到允许误差 5mm 之内，相邻墙板构件平整度允许误差 ±5mm，此施工过程中要同时检查外墙面上下层的平齐情况，允许误差以不超过 3mm 为准，如果超过允许误差，要以外墙面上下层错开 3mm 为准重新进行墙板的水平位置及垂直度调整，最后固定斜向支撑及七字码。

图 3.3-4 垂直度校正及支撑安装

3.3.3 预制柱安装

1. 施工流程

标高找平→竖向预留钢筋校正→预制柱吊装→柱安装及校正→灌浆施工。

2. 预制柱安装要求

（1）预制柱安装前应校核轴线、标高以及连接钢筋的数量、规格、位置。

（2）预制柱安装就位后在两个方向应采用可调斜撑作临时固定，并进行垂直度调整以及在柱子四角缝隙处加塞垫片。

（3）预制柱的临时支撑，应在套筒连接器内的灌浆料强度达到设计要求后拆除，当设计无具体要求时，混凝土或灌浆料应达到设计强度的75%以上方可拆除。

3. 主要安装工艺

（1）标高找平

预制柱安装施工前，通过激光扫平仪和钢尺检查楼板面平整度，用铁制垫片使楼层平整度控制在允许偏差范围内。

（2）竖向预留钢筋校正

根据所弹出柱线，采用钢筋限位框，对预留插筋进行位置复核，对有弯折的预留插筋应用钢筋校正器进行校正，以确保预制柱连接的质量。

（3）预制柱吊装

预制柱吊装采用慢起、快升、缓放的操作方式。塔式起重机缓缓持力，将预制柱吊离存放架，然后快速运至预制柱安装施工层。在预制柱就位前，应清理柱安装部位基层，然后将预制柱缓缓吊运至安装部位的正上方。

（4）预制柱的安装及校正

塔式起重机将预制柱下落至设计安装位置，下一层预制柱的竖向预留钢筋与预制柱底部的套筒全部连接，吊装就位后，立即加设不少于2根的斜支撑对预制柱临时固定，斜支撑与楼面的水平夹角不应小于60°。

根据已弹好的预制柱的安装控制线和标高线，用2m长靠尺、吊线锤检查预制柱的垂直度，并通过可调斜支撑微调预制柱的垂直度（图3.3-5），预制柱安装施工时应边安装边校正。

图 3.3-5 使用斜撑调整预制柱垂直度

（5）灌浆施工

灌浆作业应按产品要求计量灌浆料和水的用量并搅拌均匀，搅拌时间从开始加水到搅拌结束应不少于 5min，然后静置 2～3min；每次拌制的灌浆料拌合物应进行流动度的检测，且其流动度应符合设计要求。搅拌后的灌浆料应在 30min 内使用完毕。

3.3.4 预制梁安装

1. 施工流程

预制梁进场、验收→按图放线→设置梁底支撑→预制梁起吊→预制梁就位微调→接头连接。

2. 预制梁安装要求

（1）梁吊装顺序应遵循先主梁后次梁，先低后高的原则。

（2）预制梁安装就位后应对水平度、安装位置、标高进行检查。根据控制线对梁端和两侧进行精密调整，误差控制在 2mm 以内。

（3）预制梁安装时，主梁和次梁伸入支座的长度与搁置长度应符合设计要求。

（4）预制次梁与预制主梁之间的凹槽应在预制楼板安装完成后，采用不低于预制梁混凝土强度等级的材料填实。

（5）梁吊装前柱核心区内先安装一道柱箍筋，梁就位后再安装两道柱箍筋，之后才可进行梁、墙吊装。否则，柱核心区质量无法保证。

（6）梁吊装前应将所有梁底标高进行统计，有交叉部分梁吊装方案根据先低后高进行安排施工。

3. 主要安装工艺

（1）定位放线

用水平仪测量并修正柱顶与梁底标高，确保标高一致，然后在柱上弹出梁边控制线。

预制梁安装前应复核柱钢筋与梁钢筋位置、尺寸，对梁钢筋与柱钢筋安装有冲突的，应按经设计部门确认的技术方案调整。梁柱核心区箍筋安装应按设计文件要求进行。

（2）支撑架搭设

梁底支撑采用钢立杆支撑＋可调顶托，可调顶托上铺设长×宽为 100mm×100mm 方木，预制梁的标高通过支撑体系的顶丝来调节。

临时支撑位置应符合设计要求；设计无要求时，长度小于或等于 4m 时应设置不少于 2 道垂直支撑，长度大于 4m 时应设置不少于 3 道垂直支撑。

梁底支撑标高调整宜高出梁底结构标高 2mm，应保证支撑充分受力并撑紧支撑架后方可松开吊钩。

叠合梁应根据构件类型、跨度来确定后浇混凝土支撑件的拆除时间，强度达到设计要求后方可承受全部设计荷载。

（3）预制梁吊装

预制梁一般用两点吊，预制梁两个吊点分别位于梁顶两侧距离两端 0.2L 梁长位置，由生产构件厂家预留。

现场吊装工具采用双腿锁具或专用吊梁吊住预制梁两个吊点逐步移向拟定位置，人工通过预制梁顶绳索辅助梁就位。

（4）预制梁微调定位

当预制梁初步就位后，两侧借助柱上的梁定位线将梁精确校正。梁的标高通过支撑体系的顶丝来调节，调平同时需将下部可调支撑上紧，这时方可松去吊钩。

（5）接头连接

混凝土浇筑前应将预制梁两端键槽内的杂物清理干净，并提前 24h 浇水湿润。

预制梁两端键槽锚固钢筋绑扎时，应确保钢筋位置的准确。

预制梁水平钢筋连接为机械连接、钢套筒灌浆连接或焊接连接。

3.3.5 预制楼板安装

1. 施工流程

预制板进场、验收→放线→搭设板底独立支撑→预制板吊装→预制板就位→预制板校正定位。

2. 预制楼板安装应符合下列要求

（1）构件安装前应编制支撑方案，支撑架体宜采用可调工具式支撑系统，首层支撑架体的地基必须坚实，架体必须有足够的强度、刚度和稳定性。

（2）板底支撑间距不应大于 2m，每根支撑之间高差不应大于 2mm，标高偏差不应大于 3mm，悬挑板外端比内端支撑宜调高 2mm。

（3）预制楼板安装前，应复核预制板构件端部和侧边的控制线以及支撑搭设情况是否满足要求。

（4）预制楼板安装应通过微调垂直支撑来控制水平标高。

（5）预制楼板安装时，应保证水电预埋管（孔）位置准确。

（6）预制楼板吊至梁、墙上方 30～50cm 后，应调整板位置使板锚固筋与梁箍筋错开，根据梁、墙上已放出的板边和板端控制线，准确就位，偏差不得大于 2mm，累计误差不得大于 5mm。板就位后调节支撑立杆，确保所有立杆全部受力。

（7）预制叠合楼板吊装顺序依次铺开，不宜间隔吊装。在混凝土浇筑前，应校正预制构件的外露钢筋，外伸预留钢筋伸入支座时，预留筋不得弯折。

（8）相邻叠合楼板间拼缝及预制楼板与预制墙板位置拼缝应符合设计要求并有防止裂缝的措施。施工集中荷载或受力较大部位应避开拼接位置。

3. 主要安装工艺

（1）定位放线

预制墙体安装完成后，由测量人员根据预制叠合板板宽放出独立支撑定位线（图 3.3-6），并安装独立支撑，同时根据叠合板分布图及轴网，利用经纬仪在预制墙体上方出板缝位置定位线，板缝定位线允许误差±10mm。

（2）板底支撑架搭设

支撑架体应具有足够的承载能力、刚度和稳定性，应能可靠地承受混凝土构件的自重和施工过程中所产生的荷载及风荷载，支撑立杆下方应铺 50mm 厚木板。

确保支撑系统的间距及距离墙、柱、梁边的净距符合系统验算要求，上下层支撑应在同一直线上。

在可调节顶撑上架设方木，调节方木顶面至板底设计标高，开始吊装预制楼板。

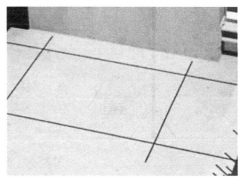

图 3.3-6　预制楼板控制线

（3）预制楼板吊装就位

为了避免预制楼板吊装时，因受集中应力而造成叠合板开裂，预制楼板吊装宜采用专用吊架（图 3.3-7）。

预制叠合板吊装过程中，在作业层上空 500mm 处减缓降落，由操作人员根据板缝定位线，引导楼板降落至独立支撑上。及时检查板底与预制叠合梁或剪力墙的接缝是否到位，预制楼板钢筋深入墙长度是否符合要求，直至吊装完成。

图 3.3-7　预制楼板吊装示意

（4）预制板校正定位

根据预制墙体上水平控制线及竖向板缝定位线，校核叠合板水平位置及竖向标高情况，通过调节竖向独立支撑，确保叠合板满足设计标高要求；通过撬棍（撬棍配合垫木使用，避免损坏板边角）调节叠合板水平位移，确保叠合板满足设计图纸水平分布要求（图3.3-8）。

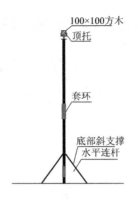

图 3.3-8　预制板调整定位

3.3.6　预制外挂板安装

1. 施工流程

结构标高复核→预埋连接件复检→预制外挂板起吊及安装→安装临时承重铁件及斜撑→调整预制外挂板位置、标高、垂直度→安装永久连接件→吊钩解钩。

2. 预制外挂板安装要求

（1）构件起吊时要严格执行"333 制"，即先将预制外挂板吊起距离地面 300mm 的位置后停稳 30s，相关人员要确认构件是否水平，如果发现构件倾斜，要停止吊装，放回原来位置重新调整，以确保构件能够水平起吊。另外，还要确认吊具连接是否牢靠，钢丝绳有无交错等。确认无误后，可以起吊，所有人员远离构件 3m 远。

（2）构件吊至预定位置附近后，缓缓下放，在距离作业层上方 500mm 处停止。吊装人员用手扶预制外挂板，配合起吊设备将构件水平移动至构件吊装位置。就位后缓慢下放，吊装人员通过地面上的控制线，将构件尽量控制在边线上。若偏差较大，需重新吊起距地面 50mm 处，重新调整后再次下放，直到基本达到吊装位置为止。

（3）构件就位后，需要进行测量确认，测量指标主要有高度、位置、倾斜。调整顺序建议是按"先高度再位置后倾斜"进行调整。

3. 主要安装工艺

（1）安装临时承重件

预制外挂板吊装就位后，在调整好位置和垂直度前，需要通过临时承重铁件进行临时支撑，铁件同时还起到控制吊装标高的作用（图 3.3-9）。

（2）安装永久连接件

预制外挂板通过预埋铁件与下层结构连接起来，连接形式为焊接及螺栓连接（图 3.3-10）。

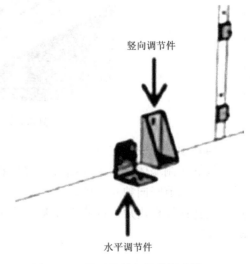

图 3.3-9　临时铁件与外挂板连接

图 3.3-10　预制外挂板安装示意

3.3.7　内隔墙板安装

内隔墙安装工艺流程与外墙板大致相同，但有需要特别注意的几点：

（1）内墙板和内隔墙板也采用硬塑垫块进行找平，并在 PC 构件安装之前进行聚合物砂浆坐浆处理，坐浆密实均匀，一旦墙板就位，聚合物砂浆就把墙板和基层之间的缝有效密实。

（2）安装时应注意墙板上预留管线以及预留洞口是否有无偏差，如发现有偏差而吊装完后又不好处理的应先处理后再安装就位。

（3）墙板落位时注意编号位置以及正反面（箭头方向为正面）。根据楼面上所标示的垫块厚度与位置选择合适的垫块将墙板垫平，就为后将墙板底部缝隙用砂浆填塞满。

（4）墙板就位时应注意墙板上管线预留孔洞与楼面现浇部分预留管线的对接位置是否准确，如有偏差墙板应先不要落位，应通知水电安装人员及时处理。

（5）墙板处两端有柱或暗柱时注意，如墙板于柱或暗柱钢筋先施工时，应将柱或暗柱箍筋先套在柱主筋内，否则将会增加钢筋施工难度。如柱钢筋于梁先施工时柱箍筋应只绑扎到梁底位置否则墙板无法就位。墙板暗梁底部纵向钢筋必须放置在柱或剪力墙纵向钢筋内侧。

（6）模板安装完后，应全面检查墙板的垂直度以及位移偏差，以免安装模板时将墙板移动。

3.3.8　预制楼梯安装

1. 施工流程

预制楼梯进场、验收→放线→垫片及坐浆料施工→预制楼梯吊装→预制楼梯校正→预制楼梯固定。

2. 预制楼梯安装要求

（1）预制楼梯安装前应复核楼梯的控制线及标高，并作好标记。

（2）预制楼梯支撑应有足够的承载力、刚度及稳定性，楼梯就位后调节支撑立杆，确保所有立杆全部受力。

（3）预制楼梯吊装应保证上下高差相符，顶面和底面平行，便于安装。

（4）预制楼梯安装位置准确，应采用预留锚固钢筋方式安装时，应先放置预制楼梯，再与现浇梁或板浇筑连接成整体，并保证预埋钢筋锚固长度和定位符合设计要求。当采用预制楼梯与现浇梁或板之间采用预埋件焊接或螺栓杆连接方式时，应先施工现浇梁或板，再搁置预制楼梯进行焊接或螺栓孔灌浆连接。

3. 主要安装工艺

（1）放线定位

楼梯间周边梁板叠合层混凝土浇筑完工后，测量并弹出相应楼梯构件端部和侧边的控制线（图 3.3-11）。

图 3.3-11　楼梯控制线

（2）预制楼梯吊装

预制楼梯一般采用四点吊，配合捯链下落就位调整索具铁链长度，使楼梯段休息平台处于水平位置，试吊预制楼梯板，检查吊点位置是否准确，吊索受力是否均匀等，试起吊高度不应超过 1m（图 3.3-12）。

图 3.3-12　预制楼梯吊装示意

预制楼梯吊至梁上方 300～500mm 后，调整预制楼梯位置使上下平台锚固筋与梁箍筋错开，板边线基本与控制线吻合。

根据已放出的楼梯控制线，将构件根据控制线精确就位，先保证楼梯两侧准确就位，再使用水平尺和倒链调节楼梯水平。

3.3.9　双 T 板（T 板）安装

1. 吊装前准备

（1）吊装前必须疏通好道路，清理好施工现场、有碍吊装施工进行的一切障碍物，用电设施要安全可靠，松软、有坑陷等隐患地带一定要进行辅助加固，吊装前必须准备好吊装用的垫块、垫木及所用铁件等。

（2）施工前要作好技术交底。提前划好构件安装十字线，必须认真检查机械设备的性能索具、绳索、撬杠、电焊机等的完好程度，电焊机外壳必须接地良好并安装漏电保护器，其电源的装拆应由电工进行。劳工组织要详细妥当，劳保用品要配备齐全。

2. 吊装

吊装前先将吊车就位，吊车从施工入口进入楼内，吊装时双 T 板两端捆绑溜绳，以控制双 T 板在空中的位置，就位时，双 T 板的轴线对准双 T 板面上的中心线，缓缓落下，就位时，并以框架梁侧面标高控制线校正双 T 板标高。

双 T 板校正包括：平面位置和垂直度校正。双 T 板底部轴线与框架梁中心对准后，用尺检测框架梁侧面轴线与双 T 板顶面上的标准轴线间距离，双 T 板校正后将双 T 板上部连接与埋件点焊，再用钢尺复核一下跨距，方可脱钩，并按设计要求将各连接件按设计要求焊好。

3. 安全保证措施

该吊装工程构件较重，采用车辆较大，工序复杂，高空作业的机械化程度较高，因此必须采用各种安全措施，以确保吊装工作的顺利进行。

（1）吊装人员必须体检合格，不得酒后或带病参加高空作业。

（2）高空作业人员不得穿硬底鞋、高跟鞋、带钉鞋、易滑鞋、衣着要灵便。

（3）吊装前，对参加人员进行有关吊装方法，安全技术规程等方面的交底和训练，明确人员分工。

（4）作业区要设专人监护，非吊装人员不得进入，所有高空作业人员必须系好安全带，吊臂、吊物下严禁站人或通过。

（5）每次吊装前一定要认真检查机械技术状况，吊装绳索的安全完好程度，详细检查构件的几何尺寸和质量，双 T 板端部埋件与框架梁埋件焊接时达到焊缝厚度应大于或等与 6mm，连接处三面满焊。

（6）双 T 板起吊应平稳，双 T 板刚离地面时要注意双 T 板摆动，防止碰挤伤人，离地面 20～30cm 时，以急刹车来检验吊车的轻重性能和吊索的可靠性，吊臂下不得站人。

（7）双 T 板就位后，吊钩应稍稍松懈后刹车，看双 T 板是否稳定，如无异常，则可脱钩进行下页双 T 板施工。

（8）吊装前将脚手架落至框架梁下 30cm，搭设操作平台，框架梁四周铺设脚手板 500mm 宽，框架梁间满挂安全网，用棕绳捆绑在柱子上。

（9）焊工工作前，检查用电设备、线路是否漏电或接触不良等，各用电设备必须按规定接地接零。

（10）作业时起重臂下严禁站人，下部车驾驶室不得坐人，重物不得超越驾驶室上方，不得在车前方起吊，起重臂伸缩时，应按规定程序进行，起重臂伸出后若出现前节长度大于后节伸出长度时，必须调整正常后方可作业，吊装施工过程中做到四统一：统一指挥，统一调度，统一信号，统一时间。

（11）参加吊装的作业人员应听从统一指挥、精力集中、严守岗位、未经同意不得离岗，发生事故应追查责任。

（12）遇有雨天或六级以上大风，不准进行吊装作业。

3.3.10 其他预制构件安装

1. 预制阳台板安装要求

（1）预制阳台板安装前，测量人员根据阳台板宽度，放出竖向独立支撑定位线，并安装独立支撑，同时在预制叠合板上，放出阳台板控制线。

（2）当预制阳台板吊装至作业面上空 500mm 时，减缓降落，由专业操作工人稳住预制阳台板，根据叠合板上控制线，引导预制阳台板降落至独立支撑上，根据预制墙体上水平控制线及预制叠合板上控制线，校核预制阳台板水平位置及竖向标高情况，通过调节竖向独立支撑，确保预制阳台板满足设计标高要求；通过撬棍（撬棍配合垫木使用，避免损坏板边角）调节预制阳台板水平位移，确保预制阳台板满足设计图纸水平分布要求。

（3）预制阳台板定位完成后，将阳台板钢筋与叠合板钢筋可靠连接固定，预制构件固定完成后，方可摘除吊钩。

（4）同一构件上吊点高低有不同的，低处吊点采用捯链进行拉接，起吊后调平，落位时采用捯链紧密调整标高。

2. 预制空调板安装要求

（1）预制空调板吊装时，板底应采用临时支撑措施。

（2）预制空调板与现浇结构连接时，预留锚固钢筋应伸入现浇结构部分，并应与现浇结构连成整体。

（3）预制空调板采用插入式吊装方式时，连接位置应设预埋连接件，并应与预制外挂板的预埋连接件连接，空调板与外挂板交接的四周防水槽口应嵌填防水密封胶。

3.4 构件连接技术

3.4.1 基本要求

预制构件节点的钢筋连接应满足现行业标准《钢筋机械连接技术规程》JGJ 107 中 I 级接头的性能要求，并应符合国家行业有关标准的规定。

应对连接件、焊缝、螺栓或铆钉等紧固件在不同设计状况下的承载力进行验算，并应符合现行国家标准《钢结构设计规范》GB 50017 和《钢结构焊接规范》GB 50661 等的规定。

预制楼梯与支承构件之间宜采用简支连接。采用简支连接时，应符合下列规定：预制楼梯宜一端设置固定铰，另一端设置滑动铰，其转动及滑动变形能力应满足结构层间位移的要求。预制楼梯设置滑动铰的端部应采取防止滑落的构造措施。

3.4.2 预制构件的连接的种类

预制构件的连接种类主要有套筒灌浆连接、直螺纹套筒连接、钢筋浆锚连接、牛担板连接以及螺栓连接。

3.4.3 钢筋套筒灌浆连接

套筒灌浆连接技术是通过灌浆料的传力作用将钢筋与套筒连接形成整体，套筒灌浆连接分为全灌浆套筒连接半灌浆套筒连接和套筒设计符合现行行业标准《钢筋连接用灌浆套筒》JG/T 398 要求，接头性能达到《钢筋机械连接技术规程》JGJ 107 规定的最高级，即Ⅰ级。钢筋套筒灌浆料应符合现行行业标准《钢筋连接用套筒灌浆料》JG/T 408 规定。

1. 半灌浆套筒连接技术

半灌浆套筒接头一端采用灌浆方式连接，另一端采用非灌浆连接方式连接钢筋的灌浆套筒，另一端通常采用螺纹连接，如图 3.4-1 所示。

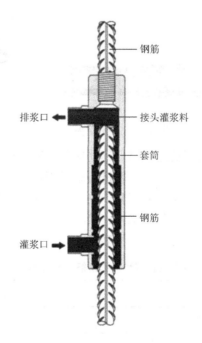

图 3.4-1 半灌浆套筒示意

半灌浆套筒连接可连接 HRB335 和 HRB400 带肋钢筋，连接钢筋直径范围为 12～40mm，机械连接段的钢筋丝头加工、连接安装、质量检查应符合现行行业标准《钢筋机械连接技术规程》JGJ 107 的有关规定。

半灌浆连接的优点如下：

（1）外径小，对剪力墙、柱都适用。

（2）与全灌浆套筒相比，半灌浆套筒长度能显著缩短（约 1/3），现场灌浆工作量减半，灌浆高度降低，能降低对构件接缝处密封的难度。

（3）工厂预制时钢套筒与钢筋的安装固定也比全灌浆套筒相对容易。

（4）半灌浆套筒适应于竖向构件连接。

半灌浆套筒和外露钢筋的允许偏差详见表 3.4-1。

半灌浆套筒和外露钢筋的允许偏差 表 3.4-1

项 目		允许偏差（mm）	检查方法
灌浆套筒中心位置		+2，0	尺量
外露钢筋	中心位置	+2，0	
	外露长度	+10，0	

2. 全灌浆套筒连接技术

全灌浆连接是两端均采用灌浆方式连接钢筋的灌浆套筒（图 3.4-2）。全灌浆连接接头性能达到《钢筋机械连接技术规程》JGJ 107 规定Ⅰ级。目前可连接 HRB335 和 HRB400 带肋钢筋，连接钢筋直径范围为 14～40mm。

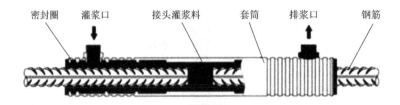

图 3.4-2　全灌浆套筒示意

全灌浆套筒在构件厂内与钢筋连接时，钢筋应与套筒逐根插入，插入深度应满足设计及规范要求，钢筋与全灌浆套筒通过橡胶塞进行临时固定，避免混凝土浇筑、振捣时套筒和连接钢筋移位，同时防止混凝土向灌浆套筒内漏浆的封堵措施，全灌浆套筒可用于竖向构件（剪力墙、框架柱）及水平构件（梁）连接。

全灌浆套筒和外露钢筋的允许偏差详见表 3.4-2。

全灌浆套筒和外露钢筋的允许偏差 表 3.4-2

项 目		允许偏差（mm）	检查方法
灌浆套筒中心位置		+2，0	尺量
外露钢筋	中心位置	+2，0	
	外露长度	+10，0	

3. 套筒灌浆施工

（1）预制竖向承重构件采用全灌浆或半灌浆套筒连接方式的，所采取的灌浆工艺基本为分仓灌浆法和坐浆灌浆法。

构件接触面凿毛→分仓/坐浆→安装钢垫片→吊装预制构件→灌浆作业。

1）预制构件接触面现浇层应进行凿毛或拉毛处理，其粗糙面不应小于4mm，预制构件自身接触粗糙面应控制在6mm左右。

2）分仓法：竖向预制构件安装前宜采用分仓法灌浆，分仓应采用坐浆料或封浆海绵条进行分仓，分仓长度不应大于规定的限值，分仓时应确保密闭空腔，不应漏浆。

3）坐浆法：竖向预制构件安装前可采用坐浆法灌浆，坐浆法是采用坐浆料将构件与楼板之间的缝隙填充密实，然后对预制竖向构件进行逐一灌浆，坐浆料强度应大于预制墙体混凝土强度（图3.4-3）。

图3.4-3 用坐浆料进行分仓

4）安装钢垫片：预制竖向构件与楼板之间通过钢垫片调节预制构件竖向标高，钢垫片一般选择50×50mm，厚度为2mm、3mm、5mm、10mm用于调节构件标高。

5）预制构件吊装：预制竖向构件吊装就位后对水平度、安装位置、标高进行检查。

6）灌浆作业：灌浆料从下排孔开始灌浆，待灌浆料从上排孔流出时，封堵上排流浆孔，直至封堵最后一个灌浆孔后，持压30s，确保灌浆质量。

（2）预制梁采用全灌浆套筒连接方式，预制梁灌浆作业应采用压降法。

临时支撑及放线→水平构件吊装→检查定位→调节套筒→灌浆作业。

1）安装前，应测量并修正柱顶和临时支撑标高，确保与梁构件底标高一致，柱上应弹出梁边控制线；根据控制线对梁端、梁轴线进行精密调整，误差控制在2mm以内。

2）梁吊装就位，应遵循先主梁，后次梁，先低后高的原则。

3）对水平度、安装位置、标高进行检查，且安装时构件伸入支座的长度与搁置长度应复核设计要求。

4）调节套筒，先将灌浆套筒全部套在一侧构件的钢筋上，将另一侧构件吊装到位后，移动套筒位置，使另一侧钢筋插入套筒，保证两侧钢筋插入长度达到设计值。

5）从灌浆套筒灌浆孔注浆，当出浆孔出口开始向外溢出灌浆料时，应停止灌浆，立即塞入橡胶塞进行封堵。

（3）灌浆料的使用应符合以下规定：

套筒灌浆连接应采用由接头型式检验确定相匹配的灌浆套筒、灌浆料。套筒灌浆前应确保底部坐浆料达到设计强度（一般为24h），避免套筒压力注浆时出现漏浆现象，然后拌制专用灌浆料，灌浆料初始流动性需大于等于300，30min流动性需大于等于260，同时，每个班组施工时留置1组试块，每组试件3个试块，分别用于1、3、28d抗压强度试验，试块规格为40mm×40mm×160mm，灌浆料3h竖向膨胀率大于等于0.02%，灌浆料检测完成后，开始灌浆施工，套筒灌浆时，灌浆料使用温度不宜低于5℃，不宜高于30℃。

3.4.4 直螺纹套筒连接

1. 基本原理

直螺纹套筒连接接头施工，其工艺原理是将钢筋待连接部分剥肋后滚压成螺纹，利用连接套筒进行连接，使钢筋丝头与连接套筒连接为一体，从而实现了等强度钢筋连接。直螺纹套筒连接的种类主要有冷镦粗直螺纹、热镦粗直螺纹、直接滚压直螺纹、挤（碾）压肋滚压直螺纹。

2. 材料与机械设备

（1）材料准备

1）钢套筒应具有出厂合格证。套筒的力学性能必须符合规定。表面不得有裂纹、折叠等缺陷。套筒在运输、储存中，应按不同规格分别堆放，不得露天堆放，防止锈蚀和沾污。

2）钢筋必须符合国家标准设计要求，还应有产品合格证、出厂检验报告和进场复验报告。

（2）施工机具

直螺纹套筒加工的工具包括钢筋直螺纹剥肋滚丝机、牙型规、卡规（图3.4-4）。其中钢筋直螺纹剥肋滚丝机用于钢筋撤丝，牙型规用于检查钢筋撤丝是否符合要求，卡规用于检查钢筋撤丝外径是否符合要求。

图 3.4-4　钢筋直螺纹剥肋滚丝机、牙型规、卡规

1）加工工艺流程

钢筋端面平头→剥肋滚压螺纹→丝头质量自检→戴帽保护→丝头质量抽检→存放待用→用套筒对接钢筋→用扳手拧紧定位→检查质量验收。

2）加工要点

①钢筋应先调直再加工，切口断面必须与钢筋轴线垂直，端头弯曲、马蹄严重的应切去，严禁气割和切断机。

②丝头加工长度为标准型套筒长度的1/2，其公差为＋2P（P为螺距），即拧紧后的直螺纹接头外露丝扣数量不得超过2个螺距。

③钢筋连接时，钢筋的规格和连接套的规格必须一致，并确保丝头和连接套的丝扣干净、无损。

④被连接的两钢筋端面应顶紧，处于连接套的中间位置，偏差不大于P。

⑤采用预埋接头时，连接套的位置、规格和数量必须符合设计要求，带连接套的钢筋

安装固牢，连接套的外露端必须有密封盖。

3. 注意事项

（1）钢筋先调直再下料，切口端面与钢筋轴线垂直，不得有马蹄形或挠曲，不得用气割下料。

（2）钢筋下料及螺纹加工时需符合下列规定：

1）设置在同一个构件内的同一截面受力钢筋的位置应相互错开。在同一截面接头百分率不应超过50％。

2）钢筋接头端部距钢筋受弯点长度不得小于钢筋直径的10倍。

3）钢筋连接套筒的混凝土保护层厚度应满足现行国家标准《混凝土结构设计规范》GB 50010中的相应规定且不得小于15mm，连接套之间的横向净距不宜小于25mm。

4）钢筋端部平头使用钢筋切割机进行切割，不得采用气割。切口断面应与钢筋轴线垂直。

5）按照钢筋规格所需要的调试棒调整好滚丝头内控最小尺寸。

6）按照钢筋规格更换涨刀环，并按规定丝头加工尺寸调整好剥肋加工尺寸。

7）调整剥肋挡块及滚扎行程开关位置，保证剥肋及滚扎螺纹长度符合丝头加工尺寸的规定。

8）丝头加工时应用水性润滑液，不得使用油性润滑液。当气温低于0℃时，应掺入15％～20％亚硝酸钠。严禁使用机油做切割液或不加切割液加工丝头。

9）钢筋丝头加工完毕经检验合格后，应立即戴上丝头保护帽或拧上连接套筒，防止装卸钢筋时损坏丝头。

（3）钢筋连接

1）连接钢筋时，钢筋规格和连接套筒规格应一致，并确保钢筋和连接套的丝扣干净、完好无损。

2）连接钢筋时应对准轴线将钢筋拧入连接套中。

3）必须用力矩扳手拧紧接头。力矩扳手的精度为±5％，要求每半年用扭力仪检定一次。力矩扳手不使用时，将其力矩值调整为零，以保证其精度。

4）连接钢筋时应对正轴线将钢筋拧入连接套中，然后用力矩扳手拧紧。接头拧紧值应满足表3.4-3规定的力矩值，不得超拧，拧紧后的接头应作上标记，放置钢筋接头漏拧。

5）钢筋连接前要根据所连接直径的需要将力矩扳手上的游动标尺刻度调定在相应的位置上。即按规定的力矩值，使力矩扳手钢筋轴线均匀加力。当听到力矩扳手发出"咔嚓"声响时即停止加力，否则会损坏扳手。

6）连接水平钢筋时必须依次连接，从一头往另一头，不得从两边往中间连接，连接时一定两人面对站立，一人用扳手卡住已连接好的钢筋，另一人用力矩扳手拧紧，待连接钢筋，按规定的力矩值进行连接，这样可避免弄坏已连接好的钢筋接头。

7）使用扳手对钢筋接头拧紧时，只要达到力矩扳手调定的力矩值即可，拧紧后按表3.4-3检查。

直螺纹钢筋接头拧紧力矩值 表 3.4-3

序号	钢筋直径（mm）	拧紧力矩值（N·m）
1	≤16	100
2	16～20	200
3	22～25	260
4	28～32	320

8）接头拼接完成后，应使两个丝头在套筒中央位置相互顶紧，套筒的两端不得有一口以上的完整丝扣外露，加长型接头的外露扣数不受限制，但有明显标记，以检查进入套筒的丝头长度是否满足要求。

3.4.5 浆锚搭接连接

1. 基本原理

浆锚连接是一种安全可靠、施工方便、成本相对较低的可保证钢筋之间力的传递的有效连接方式。在预制柱内插入预埋专用螺旋棒，在混凝土初凝之后旋转取出，形成预留孔道，下部钢筋插入预留孔道，在孔道外侧钢筋连接范围外侧设置附加螺旋箍筋，下部预留钢筋插入预留孔道，然后在孔道内注入微膨胀高强灌浆料形成的连接方式。

纵向钢筋采用浆锚搭接连接时，对预留孔成孔工艺、孔道形状和长度、构造要求、灌浆料和被连接的钢筋，应进行力学性能以及适用性的实验验证。直径大于 20mm 的钢筋不宜采用浆锚搭接连接，直接承受动力荷载构件的纵向钢筋不应采用浆锚搭接连接。

2. 浆锚灌浆连接的性能要求

钢筋浆锚连接用灌浆料性能可参照现行行业标准《装配式混凝土结构技术规程》JGJ1 的要求执行，具体性能要求详见表 3.4-4。

钢筋浆锚连接用灌浆料性能要求 表 3.4-4

项　目	指标名称	指标性能
泌水率（%）		0
流动度（mm）	初始值	≥200
	30min 保留值	≥150
竖向膨胀率（%）	3h	≥0.02
	24h 与 3h 的膨胀值之差	0.02～0.5
抗压强度（MPa）	1d	≥35
	3d	≥55
	28d	≥80
氯离子含量（%）		≤0.06

3. 浆锚灌浆连接施工要点

（1）因设计上对抗震等级和高度上有一定的限制，此连接方式在预制剪力墙体系中预制剪力墙的连接使用较多，预制框架体系中的预制立柱的连接一般不宜采用。约束浆锚搭接连接主要缺点是预埋螺旋棒必须在混凝土初凝后取出来，须在取出时间、操作规程掌握得非常好，时间早了易塌孔，时间晚了预埋棒取不出来，因此成孔质量很难保证，如果孔壁出现局部混凝土损伤（微裂缝），对连接质量有影响。比较理想做法是预埋棒刷缓凝剂，成型后冲洗预留孔，但应注意孔壁冲洗后是否满足约束浆锚连接的相关要求。

（2）注浆时可在一个预留孔上插入连通管，可以防止由于孔壁吸水导致灌浆料的体积收缩，连通管内灌浆料回灌，保持注浆部位充满。此方法套筒灌浆连接时同样适用。

注：专利产品使用前请注意知识产权的保护。

3.4.6 挤压套筒连接

1. 基本原理

通过加压力使连接件钢套筒塑性变形并与带肋钢筋表面紧密咬合，将两根带肋钢筋连接在一起（图 3.4-5）。

图 3.4-5　挤压接头

2. 连接特点

挤压套筒连接属于干式连接，去掉技术间歇时间从而压缩安装工期，质量验收直观，接头成本低。

连接时无明火作业，施工方便，工人简单培训即可上岗。

凡是带肋钢筋即可连接，无需对钢筋进行特别加工，对钢筋材质无要求。

接头性能达到机械接头的最高级，可以用于连接任何部位接头连接，包括钢筋不能旋转的结构部位。

相比绑扎搭接节约钢材，且连接速度较快。

对钢套筒材料性能要求高，挤压设备较重，工人劳动强度高。

钢筋特别密集和挤压钳无法就位的节点难以使用。

连接不同直径钢筋的变径套筒成本高。

3. 施工工序及施工要点

（1）施工工序

钢套筒、钢筋挤压部位检查、清理、矫正→钢筋端头压接标志→钢筋插入钢套筒→挤压→检查验收。

（2）施工要点

钢筋应按标记要求插入钢套筒内，确保接头长度，以防压空。被连接钢筋的轴心与钢套筒轴心应保持同一轴线，防止偏心和弯折。

在压接接头处挂好平衡器与压钳，接好进、回油油管，起动超高压泵，调节好压接力所需的油压力，然后将下压模卡板打开，取出下模，把挤压机机架的开口插入被挤压的带肋钢筋的连接套中，插回下模，锁死卡板，压钳在平衡器的平衡力作用下，对准钢套筒所需压接的标记处，控制挤压机换向阀进行挤压。压接结束后将紧锁的卡板打开，取出下模，退出挤压机，则完成挤压施工。

挤压时，压钳的压应对准套筒压痕标志，并垂直于被压钢筋的横肋。挤压应从套筒中央逐道向端部压接。

为了减少高空作业并加快施工进度，可先在地面压接半个压接接头，在施工作业区把钢套筒另一端插入预留钢筋，按工艺要求挤压另一端。

3.4.7 国际连接

1. 基本原理

国际连接的梁和柱都采用预制构件，在梁柱节点处现浇，形成框架结构体系，这是装配式框架结构国际通用做法（图 3.4-6）。

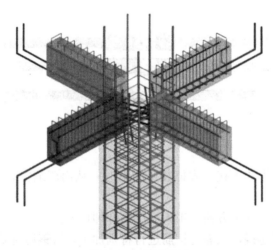

图 3.4-6 国际连接

2. 施工特点

节点混凝土浇捣不密实，节点模板不严跑浆。浇筑前应将节点处模板缝堵严。核心区钢筋较密，浇筑时应认真振捣。混凝土要有较好的和易性、适宜的坍落度。模板要留清扫口，认真清理，避免夹渣。

构件安装前应标明型号和使用部位，复核放线尺寸后进行安装，防止放线误差造成构件偏移。不同气候变化调整量具误差。操作时认真负责，细心校正。上层与下层轴线不对应，出现错台，影响构件安装，施工放线时，上层的定位线应由底层引上去，用经纬仪引垂线，测定正确的楼层轴线。保证上、下层之间轴线完全吻合。

节点部位下层柱子主筋位移，给搭接焊造成困难。产生原因是构件生产时未采取措施控制主筋位置；构件运输和吊装过程中造成主筋变形。所以生产时应采取措施，保证梁柱主筋位置正确，吊装时避免碰撞，安装前理顺。

关于构件缺陷，在运输与安装前，检查构件外观质量、混凝土强度，采用正确的装卸及运输方法。

3.4.8 世构连接

1. 基本概念

世构连接即键槽式预制预应力混凝土装配整体式框架结构连接，其原理是采用预制或现浇钢筋混凝土柱，预制预应力混凝土叠合梁、板，通过钢筋混凝土后浇部分将梁、板、柱及键槽式梁柱节点联成整体，形成框架结构（图3.4-7）。

图 3.4-7 世构连接

2. 连接特点

世构体系与一般常规框架结构相比，具有显著的优越性，主要为：

采用预应力高强钢筋及高强混凝土，梁、板截面减小，梁高可降低为跨度的1/15，板厚可降低为跨度的1/40，建筑物的自重减轻，且梁、板含钢量也可降低20%～30%，与现浇结构相比，价格可降低10%以上。

预制板采用预应力技术，楼板抗裂性能大大提高，克服了现浇楼板容易出现裂缝的质量通病。而且预制梁、板均在工厂机械化生产，产品质量更易得到控制，构件外观质量好，耐久性好。

梁、板现场施工均不需模板，板下支撑立杆间距可加大到2.0～2.5m，与现浇结构相比，周转材料总量节约可达80%以上。

梁、板构件均在工厂内事先生产，施工现场直接安装，既方便又快捷，主体结构工期可节约30%以上。

梁、板均不需粉刷，减少施工现场湿作业量，有利于环境保护，减轻噪声污染，现场施工更加文明。

与普通预制构件相比，预制板尺寸不受模数的限制，可按设计要求随意分割，灵活性大，适用性强。

3.4.9 润泰连接

1. 基本概念

润泰连接节点由预制钢筋混凝土柱、叠合梁、非预应力叠合板等组成，柱与柱之间的连接钢筋采用灌浆套筒连接，通过现浇钢筋混凝土节点将预制构件连接成整体（图 3.4-8）。

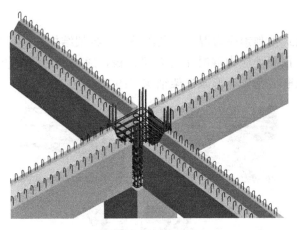

图 3.4-8　润泰连接

2. 连接特点

润泰节点实际上为预制梁下部纵筋锚入节点的连接方式，这种节点由于两侧梁底纵向钢筋需要交叉错开，锚入节点核心区比较困难，对预制加工精密度要求较高，对施工误差控制要求较高，而且为了方便梁纵筋伸入节点，柱截面会偏大。因此润泰连接节点存在制造精度要求较高、施工难度大的问题。适用于办公楼、住宅、厂房及大型超市建筑。

3.4.10　鹿岛连接

1. 基本概念

鹿岛连接节点是由叠合梁、非预应力叠合板等水平构件，预制柱、预制外墙板，现浇剪力墙、现浇电梯井等竖向构件组成的连接节点。柱与柱之间采用套筒连接，预制柱底留设套筒；梁柱构件采用强连接的方式连接，即梁柱节点预制并预留套筒，在梁柱跨中或节点梁柱面处设置钢筋套筒连接后混凝土现浇连接（图 3.4-9）。

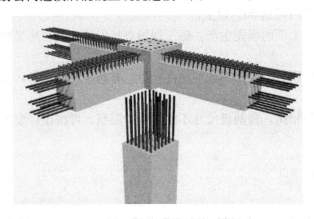

图 3.4-9　鹿岛连接

2. 连接特点

鹿岛节点属于强节点，其节点核心区与梁在工厂整体预制，可以根据需要在不同的方向预留伸出钢筋，待现场拼装时插入其他构件的预留孔，进行灌浆连接。

这种节点构件由于体积较大会造成节点运输与安装困难。

3.4.11 牛担板连接

1. 基本原理

牛担板（图 3.4-10、图 3.4-11）的连接方式是采用整片钢板为主要连接件，通过栓钉与混凝土的连接构造来传递剪力，常用于预制次梁与预制主梁的连接。

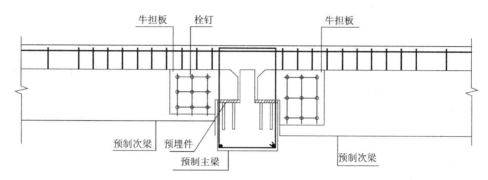

图 3.4-10 牛担板示意（一）

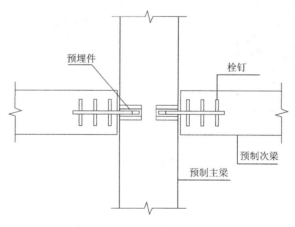

图 3.4-11 牛担板示意（二）

2. 设计要点

牛担板宜选用 Q235B 钢；次梁端部应伸出牛担板且伸出长度不小于 30mm；牛担板在次梁内置长度不小于 100mm，在次梁内的埋置部分两侧应对称布置抗剪栓钉，栓钉直径及数量应根据计算确定；牛担板厚度不应小于栓钉直径的 3/5；次梁端部 1.5 倍梁高范围内，箍筋间距不应大于 100mm。预制主梁与牛担板连接处应企口，企口下方应设置预埋件。安装完成后，企口内应采用灌浆料填实。

牛担板企口接头的承载力验算应符合下列规定：

（1）牛担板企口接头应能够承受施工及使用阶段的荷载。

（2）应验算牛担板截面 A 处在施工及使用阶段的抗弯、抗剪强度。

（3）应验算牛担板截面 B 处在施工及使用阶段的抗弯强度。

（4）应验算凹槽内部灌浆料未达到设计强度前，牛担板外挑部分的稳定承载力。

（5）各栓钉承受的剪力可参照高强度螺栓群剪力计算公式计算，栓钉规格应根据计算剪力确定。

（6）应验算牛担板搁置处的局部受压承载力。

3. 施工工序以及操作要点

（1）施工工序

牛担板埋入次梁→牛担板支撑件埋入主梁→梁吊装→节点灌浆。

（2）操作要点

首先让合格的厂家按图纸加工牛担板以及牛担板支撑件（图 3.4-12），在梁模具组装完后吊入梁钢筋笼，在次梁两端装入牛担板，在主梁的相应位置装入牛担板支撑件，浇筑混凝土、养护、脱模、运输到堆场，梁运输到施工现场并安装到相应位置，最后在主次梁的节点接缝内灌入灌浆料。

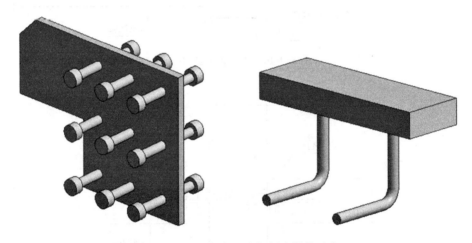

图 3.4-12　牛担板、牛担板支撑件示意

3.4.12　螺栓连接

螺栓连接是用螺栓和预埋件将预制构件与主体结构进行连接。前面介绍的套筒灌浆连接、浆锚搭接连接等都属于湿连接，螺栓连接属于干式连接。

1. 螺栓连接在装配整体式混凝土结构建筑中的应用

装配整体式混凝土结构中，螺栓连接主要用于外挂板和楼梯等非主体结构构件的连接。

（1）外挂板的安装节点都是螺栓连接，如图 3.4-13 所示。

（2）楼梯与主体结构的连接方式之一是螺栓连接，如图 3.4-14 所示。

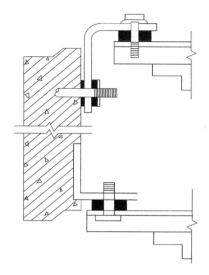

图 3.4-13 外挂板连接示意

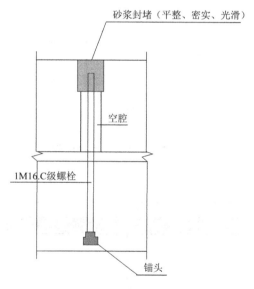

图 3.4-14 楼梯连接示意

2. 螺栓连接在全装配式混凝土结构中的应用

螺栓连接是全装配式混凝土结构的主要连接方式。可以连接结构柱、梁。非抗震设计或低抗震设防烈度设计的低层或多层建筑，当采用全装配式混凝土结构时，可用螺栓连接主体结构。

3.5 防水施工

建筑物的防水工程是建筑施工中非常重要的环节，防水效果的好坏直接影响建筑物的使用功能是否完善。相比于传统建筑，装配式建筑的防水理念发生了变化，形成了"导水优于堵水，排水优于防水"的设计理念。通过设立合理的排水路径，将可能突破外侧防水层的水流引导进入排水通道，将水排出室外。

装配式建筑屋面部分和地下结构部分多采用的是现浇混凝土结构，在防水施工中的具体操作方法可参照现浇混凝土建筑的防水方法。装配式建筑厨卫防水一般参考现浇混凝土建筑的防水做法，但装配式建筑采用的整体厨卫系统大多进行专业的防水设计，以保证整体防水效果，在此也不作介绍。装配式混凝土建筑的防水重点是预制构件间的防水处理，主要包括外挂板的防水和剪力墙结构建筑外立面防水。

3.5.1　外挂板防水施工

采用外挂板时，可以分为封闭式防水（图 3.5-1、图 3.5-2）和开放式防水（图 3.5-3、图 3.5-4）。

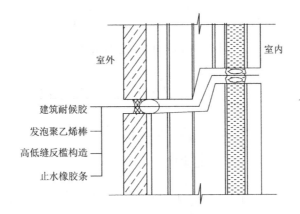

图 3.5-1　封闭式水平缝构造

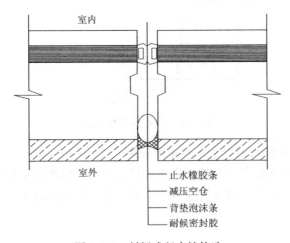

图 3.5-2　封闭式竖直缝构造

封闭式防水最外侧为耐候密封胶，中间部分为减压空仓和高低缝构造，内侧为互相压紧的止水带。在墙面之间的"十"字接头处的止水带之外宜增加一道聚氨酯防水，其主要作用是利用聚氨酯良好的弹性封堵橡胶止水带相互错动可能产生的细微缝隙。对于防水要求特别高的房间或建筑，可以在橡胶止水带内侧全面实施聚氨酯防水，以增强防水的可靠性。每隔3层左右的距离设一处排水管，可有效地将渗入减压空间的水引导到室外。

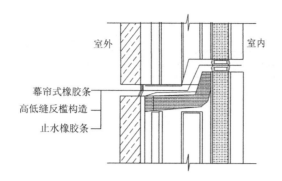

图 3.5-3　开放式防水水平缝构造

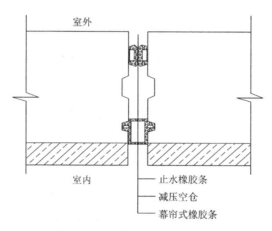

图 3.5-4　开放式防水竖直缝构造

开放式防水的内侧和中间结构与封闭式防水基本相同，只是最外侧防水不使用密封胶，而是采用一端预埋在墙板内，另一端伸出墙板外的幕帘状橡胶条，橡胶条互相搭接起到防水作用。同时防水构造外侧间隔一定距离设置不锈钢导气槽，同时起到平衡内外气压和排水的作用。

外挂板现场进行吊装前，应检查止水条的牢固性和完整性，吊装过程中应保护防水空腔、止水条、橡胶条与水平接缝等部位。防水密封胶封堵前，应将板缝及空腔清理干净，并保持干燥。密封胶应在外墙板校核固定后嵌填，注胶宽度和厚度应满足设计要求，密封胶应均匀顺直、饱满密实、表面平滑连续。"十"字接缝处密封胶封堵时应连续完成。

3.5.2　剪力墙结构建筑外立面防水（图 3.5-5、图 3.5-6）

采用装配式剪力墙结构时，外立面防水主要有胶缝防水、空腔构造、后浇混凝土三部分组成。

剪力墙结构后浇带应加强振捣，确保后浇混凝土的密实性。弹性密封防水材料、填充材料及密封胶使用前，均应确保界面和板缝清洁干燥，避免胶缝开裂。密封材料嵌填应饱满密实、均匀顺直、表面光滑连续。

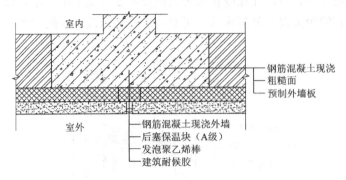

图 3.5-5　竖直缝防水构造

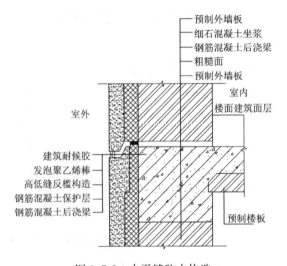

图 3.5-6　水平缝防水构造

3.5.3　防水材料

防水密封材料是保证装配式混凝土建筑外墙防水工程质量的物质基础之一，其性能优劣关乎工程质量及装配式混凝土建筑的推广和普及。根据 PC 板的应用部位特点，选用密封胶时应关注的性能包括：

（1）抗位移性和蠕变性，预制板接缝部位在应用过程中，受环境温度变化会出现热胀冷缩现象，使得接缝尺寸发生循环变化，密封胶必须具备良好的抗位移能力及蠕变性能，保证粘结面不易发生破坏。

（2）耐候性及耐久性，密封胶材料使用时间长且处于外露条件，采用的密封胶必须具有良好的耐久性和耐候性。

（3）粘结性，PC 板主要结构组成为水泥混凝土，为保证密封效果，采用的密封胶必须与水泥混凝土基材良好粘结。

（4）防污性及涂装性能，密封胶作为外露密封使用，为整体美观需要还应具备防污性和可涂装性能。

（5）环保性，密封胶在生产和使用过程中应对人体和环境友好。

部分满足以上要求的密封胶品种包括硅酮建筑密封胶（SR 胶）、聚氨酯建筑密封胶（PU 胶）及改性硅酮密封胶（MS 胶）。

改性硅酮密封胶胶位移能力为超过 20％，断裂伸长率达 500％，无需底涂，对混凝土、石材和金属等基材粘接性好，绿色环保。通常，非暴露部位可使用低模量聚氨酯密封胶，而暴露使用的部位宜使用低模量 MS 密封胶，硅酮密封胶虽然耐候性优良，但易污染墙面，无法涂装，加上后期修补困难，使用较少。

建筑防水中的防水材料还包括专用防水剂、防水涂料等新型防水材料，经过实验验证和评估后，可在装配式建筑中推广使用。

3.6 现场现浇部位施工

如何提高装配式建筑施工效率和质量是现场施工的重点和难点，除了本章前面讲述了现场堆放、安装、连接、防水等措施外，还有现场现浇部位施工中的钢筋绑扎、支撑搭设、模板施工、混凝土浇筑及养护等工艺。通过精细化施工、监管、验收来实现高效率高质量的装配式建筑成品。

3.6.1 现场现浇部位钢筋施工

装配式结构现场钢筋施工主要集中在预制梁柱节点、墙墙连接节点、墙板现浇节点部位以及楼板、阳台叠合层部位。

1. 预制柱现场钢筋施工

预制梁柱节点处的钢筋定位及绑扎对后期预制梁、柱的吊装定位至关重要（图 3.6-1）。预制柱的钢筋应严格根据深化图纸中的预留长度及定位装置尺寸来下料，预制柱的箍筋及纵筋绑扎时应先根据测量放线的尺寸进行初步定位，再通过定位钢板进行精细定位。精细定位后应通过卷尺复测纵筋之间的间距及每根纵筋的预留长度，确保量测精度达到规范要求的误差范围内。最后可通过焊接等固定措施保证钢筋的定位不被外力干扰，定位钢板在吊装本层预制柱时取出。

为了避免预制柱钢筋接头在混凝土浇筑时不被污染，应采取保护措施对钢筋接头进行保护。

图 3.6-1 梁柱节点钢筋绑扎

2. 预制梁现场钢筋施工

预制梁钢筋现场施工工艺应结合现场钢筋工人的施工技术难度进行优化调整，由于预制梁箍筋分整体封闭箍和组合封闭箍（图 3.6-2、图 3.6-3），封闭部分将不利于纵筋的穿插。为不破坏箍筋结构，现场工人被迫从预制梁端部将纵筋插入，这将大大增加施工难度。为避免以上问题，建议预制梁箍筋在设计时暂时不做成封闭形状，可等现场施工工人将纵筋绑扎完后再进行现场封闭处理。纵筋穿插完后将封闭箍筋绑扎至纵筋上，注意封闭箍筋的开口端应交替出现。堆放、运输、吊装时梁端钢筋要保持原有形状，不能出现钢筋撞弯的情况。

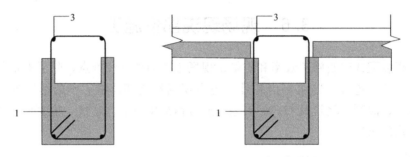

图 3.6-2　整体封闭箍示意

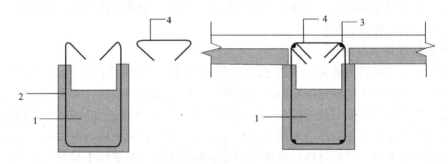

图 3.6-3　组合封闭箍示意

3. 预制墙板现场钢筋施工

（1）钢筋连接

竖向钢筋连接宜根据接头受力、施工工艺、施工部位等要求选用机械连接、焊接连接、绑扎搭接等连接方式，并应符合国家现行有关标准的规定。接头位置应设置在受力较小处。

（2）钢筋连接工艺流程

套暗柱箍筋→连接竖向受力筋→在对角主筋上画箍筋间距线→绑箍筋。

（3）钢筋连接施工

1）装配式剪力墙结构暗柱节点主要有"一"形、"L"形和"T"形几种形式（图3.6-4～图3.6-6）。由于两侧的预制墙板均有外伸钢筋，因此暗柱钢筋的安装难度较大。需要在深化设计阶段及构件生产阶段就进行暗柱节点钢筋穿插顺序分析研究，发现无法实施的节点，及早与设计单位进行沟通，避免现场施工时出现箍筋安装困难或临时切割的现象发生。

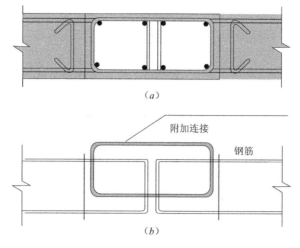

图 3.6-4 后浇暗柱形式示意一（一字形）

（a）平面图；（b）附加钢筋示意

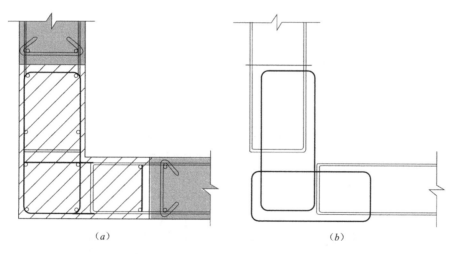

图 3.6-5 后浇暗柱形式示意二（L 形）

（a）平面图；（b）附加钢筋示意

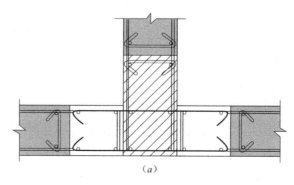

图 3.6-6 后浇暗柱形式示意三（T 形）（一）

（a）平面图

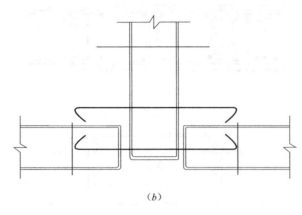

（b）

图 3.6-6　后浇暗柱形式示意三（T 形）（二）

（b）附加钢筋示意

以下以"一"字形节点为例，说明后浇暗柱节点钢筋施工顺序，箍筋加密、间距等按现行有关标准、图集执行。

图 3.6-7　外露连接钢筋预埋

图 3.6-8　第一道水平箍筋绑扎

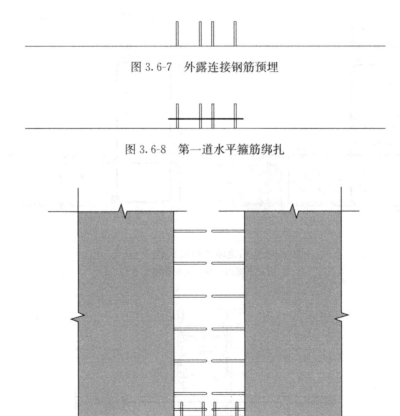

图 3.6-9　两侧预制墙板安装就位

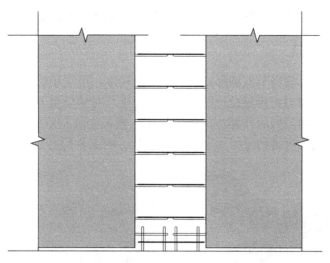

图 3.6-10 上部水平箍筋就位

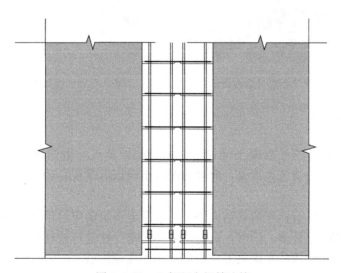

图 3.6-11 上部竖向钢筋连接

2）后浇节点钢筋绑扎时，可采用人字梯作业，当绑扎部位高于围挡时，施工人员应佩戴穿芯自锁保险带并作可靠连接。

3）在预制板上标定暗柱箍筋的位置，预先把箍筋交叉放置就位（"L"形的将两方向箍筋依次置于两侧外伸钢筋上）；先对预留竖向连接钢筋位置进行校正，然后再连接上部竖向钢筋。

4. 叠合板（阳台）现场钢筋施工

（1）叠合层钢筋绑扎前清理干净叠合板上杂物，根据钢筋间距道道弹线绑扎，上部受力钢筋带弯钩时，弯钩向下摆放，应保证钢筋搭接和间距符合设计要求。

（2）安装预制墙板用的斜支撑预埋件应及时埋设。预埋件定位应准确，并采取可靠的防污染措施。

（3）钢筋绑扎过程中，应注意避免局部钢筋堆载过大。

（4）为保证上铁钢筋的保护层厚度，可利用叠合板的桁架钢筋作为上铁钢筋的马凳。

3.6.2 模板现场加工

在装配式建筑中，现浇节点的形式与尺寸重复较多，可采用铝模或者钢模。在现场组装模板时，施工人员应对照模板设计图纸有计划地进行对号分组安装，对安装过程中的累计误差进行分析，找出原因后作相应的调整措施。模板安装完后质检人员应作验收处理，验收合格签字确认后方可进行下一工序（图3.6-12、图3.6-13）。

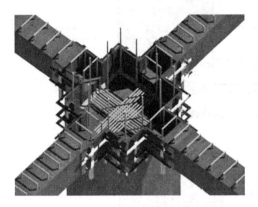 

图 3.6-12　梁柱节点铝合金模板示意　　　　　图 3.6-13　模数化铝合金模板

3.6.3 混凝土施工

（1）预制剪力墙节点处混凝土浇筑时，由于此处节点一般高度高、长度短、钢筋密集，混凝土浇筑时要边浇筑边振捣，此处的混凝土浇筑需重视，否则很容易出现蜂窝、麻面、狗洞。

（2）为使叠合层具有良好的粘结性能，在混凝土浇筑前应对预制构件作粗糙面处理并对浇筑部位作清理润湿处理。同时，对浇筑部位的密封性进行检查验收，对缝隙处作密封处理，避免混凝土浇筑后的水泥浆溢出对预制构件造成污染。

（3）叠合层混凝土浇筑，叠合层厚度较薄，应当使用平板振捣器振动，要尽量使混凝土中的气泡逸出，以保证振捣密实，叠合板混凝土浇筑应考虑叠合板受力均匀，可按照先内后外的浇筑顺序。

（4）浇水养护，要求保持混凝土湿润养护7d以上。

4 机电工程施工

4.1 简介

装配式建筑代表着建筑系统的装配，结构系统的装配，也代表着机电与内装系统的装配。近年来，随着信息化技术在建筑工程机电项目中应用的深入，将 BIM 技术与机电安装技术相结合产生了装配式混凝土结构机电安装技术，该技术可以实现机电管线由工厂化流水线模块化制造安装，从而缩短工期、提高施工质量、降低成本、节能减排、提高劳动者素质，同时产生巨大的社会经济效益。本章通过实际项目中装配式混凝土结构机电安装技术的应用，介绍装配式混凝土结构机电安装技术在深化设计、机电工程预留预埋和模块化组装、机电预安装及物流管理等方面的应用内容及相关流程。

4.2 机电深化设计与信息化应用技术

机电深化设计与信息化应用一方面应遵守和执行国家有关设计规范、规程及相关施工验收规范的规定，对招标图纸及业主、设计院提供的相关设计文件进行深化设计。另一方面，应加强与设计、业主、总包、土建和装饰等的协调配合，深化设计模型应清楚反映所有安装部件的尺寸标高以及与结构、装饰等之间的准确关系，总体效果能考虑交叉施工的合理性以及后续的维修方便，尽可能减少返工现象的发生。

4.2.1 机电深化设计 BIM 应用目的

装配式混凝土结构机电深化设计应用 BIM 技术达到两个目的：一是通过管线综合，优化管线布置，统一考虑各专业系统（建筑、结构、暖通、电气、消防、给排水等专业）的合理排布及优化；二是与土建专业配合，完成工厂预制结构构件及现场浇筑预留预埋。根据土建专业对构件模块的分解，对机电专业图纸进行详细的分解，对各平台、板墙中预埋的线、盒、箱、套管位置进行精确定位，预埋标准尺寸统一。由于是工厂化生产，在施工中每块板墙、平台内的线盒、箱体一次性预埋成型，现场仅进行平台内的管路连接。

4.2.2 机电深化设计 BIM 应用流程及软件方案

（1）BIM 应用流程

机电深化设计模型的建立应参照建筑、结构、机电和装饰设计文件，进行模型整合和碰撞检查，对管线的空间排布位置进行优化，形成机电管线综合图和专业施工深化图，BIM 应用典型流程如图 4.2-1 所示。

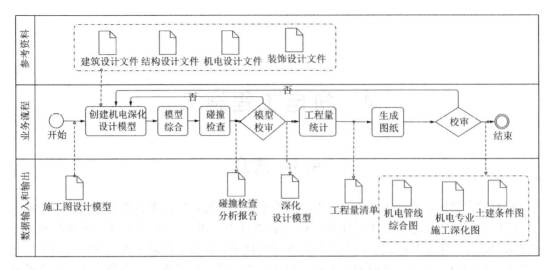

图 4.2-1　机电深化设计 BIM 应用流程图

如图 4.2-1 所示，机电深化设计 BIM 应用过程包含收集完整的结构、建筑、装饰等各专业设计图纸或 BIM 模型（如有提供）；收集完整的各机电专业设计图纸和技术资料，了解各个系统，积极与设计管理单位沟通协调，了解和把握设计意图；收集各专业设备资料，明确安装方式、安装空间、维修空间、接口方式，进行分类整理，为施工图深化设计提供支持；加强与精装修单位的协调，确定各区域中顶棚标高、顶棚布置及安装方法，为深化设计作好准备；根据项目情况收集现场土建已施工状况资料，重点是土建预留预埋情况资料，以便综合深化设计的正确的布置，避免返工；加强与管理方的沟通与协调，充分理解所在项目地的设计和施工规范，明确 BIM 模型的标准和其他相关要求。

（2）BIM 应用软件方案

根据市场上现有的国内外 BIM 软件及应用状况，结合项目需求，筛选适用的 BIM 软件。目前应用较为广泛的机电深化设计软件有 Autodesk 公司的 Revit 系列软件、广联达的 MagiCAD 软件以及日本的 Cadwe'll Tfas 软件。以 Revit 软件为例，提出具体的软件建议如图 4.2-2 所示。

4.2.3　机电深化设计 BIM 应用内容

（1）管线综合 BIM 应用

管线综合是对审核通过的机电专业深化设计图（可由设计院直接提供）依据 BIM 建模软件进行各专业管线综合设计。对综合完成的 BIM 模型进行碰撞检测进行查漏补缺工作，调整完成后进行报审，依据业主、顾问、设计院等提出的反馈意见修正管综模型，直至报审通过。

1）工作要求

管线综合协调过程中应根据实际情况综合布置，综合管线布置原则如下：

①满足深化设计施工规范。机电管线综合不能违背各专业系统设计原意，保证各系统使用功能，同时应该满足业主对建筑空间的要求，满足建筑本身的使用功能要求。对于特殊建筑形式或特殊结构形式（如屋面钢结构桁架区域），还应该与专业设计沟通，对双方

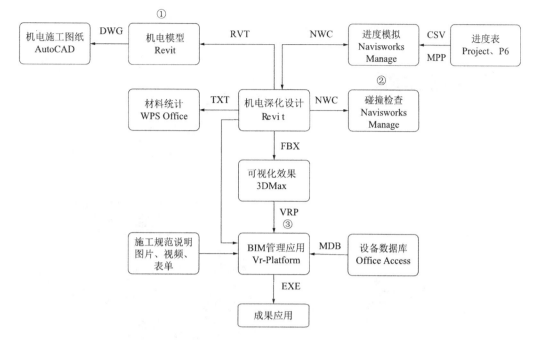

图 4.2-2 机电深化设计 BIM 软件应用方案建议

专业的特殊要求进行协调，保证双方的使用功能不受影响。

②合理利用空间。机电管线的布置应该在满足使用功能、路径合理、方便施工的原则下尽可能集中布置，系统主管线集中布置在公共区域（如走廊等）。

③满足施工和维护空间需求。充分考虑系统调试、检测和维修的要求，合理确定各种设备、管线、阀门和开关等的位置和距离，避免软碰撞。

④满足装饰需求。机电综合管线布置应充分考虑机电系统安装后能满足各区域的净空要求，无吊顶区域管线排布整齐、合理、美观。

⑤保证结构安全。机电管线需要穿梁、穿一次结构墙体时，需充分与结构设计师沟通，绝对保障结构安全。

2）工作方法

利用 BIM 软件进行各专业机电管线综合深化设计；处理建筑、结构信息，剔除不需要的信息；随时调整各专业管线的布置及满足各技术规范要求；送审会审各专业图纸及模型确认。

3）综合管线设计及模型的作用

检查空间是否满足要求（安装、维修、规范、安全）；明确各专业管线的布置要求（定位、相关的关系）确定施工顺序；利用可视化特点进行管线协调（交底）。

4）综合模型的应用

根据管线综合的原则，借助 BIM 的可视化效果，合理布置各专业管线，优化无压管道的走向；合理设置设备灯具的支吊架，解决与其他管线的碰撞问题；合理设置检修口，在满足检修口设备维修需要的前提下尽量满足装修要求；合理布置机电管线，满足顶棚标高控制要求。为方便后期施工方便，减少拆改，通过利用 BIM 技术进行了多种方案的设计如图 4.2-3 所示。

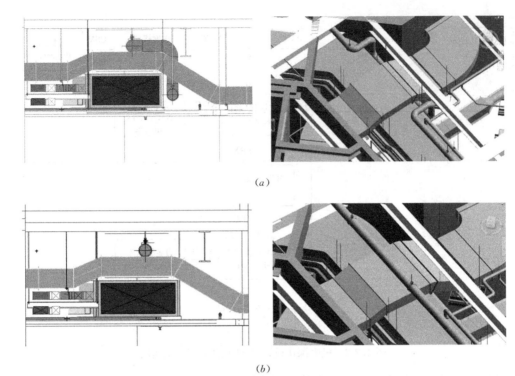

图 4.2-3　管线综合设计方案

(a) 深化设计方案一；(b) 深化设计方案二

（2）BIM 技术在预留预埋中的应用

利用 BIM 模型进行机电管线过墙孔洞定位技术，通过最终的机电管线 BIM 模型，在所有需要预留机电管线套管的墙体上，预先精确定位过墙孔洞的数量、大小及位置，最终形成用于施工的各层预留孔洞平面图和各墙面预留孔洞剖面图，确保关键设备房及非关键设备房墙体砌筑进度，并避免后期因机电管线安装而造成的开孔凿洞等破坏墙体行为，同时满足机电管线的成品保护和防火封堵要求。

1）工作要求

预留预埋的施工图纸，必须以审批通过的综合深化设计图纸为依据。机电施工前应先对土建已经完成的预留预埋工作进行校核，现场预留预埋产生的误差要及时反应在各专业施工图与 BIM 模型中。

2）工作方法

通过综合深化设计，首先进行项目一次结构的预留预埋孔、洞的预留，如部分现场已施工则应复核孔洞的位置，及时调整深化设计管线走向。随项目施工进度，配合确定二次结构和预留预埋孔洞位置。对现场预留预埋工作中产生的误差要及时调整管线，并反映在施工图与 BIM 模型中。

3）预留预埋的应用

在预留预埋阶段应充分利用 BIM 技术的可视化特点，进行各专业的协调和沟通。在BIM 模型管线综合布置好之后，利用软件自动开洞功能（图 4.2-4）标记出管道穿墙的洞口（图 4.2-5），并生成留洞图及预埋预留图报业主审批（图 4.2-6）。

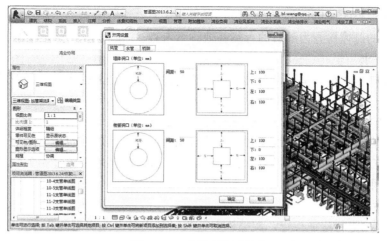

图 4.2-4 软件开洞功能

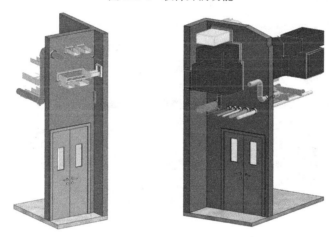

图 4.2-5 机电管线过墙孔洞三维图

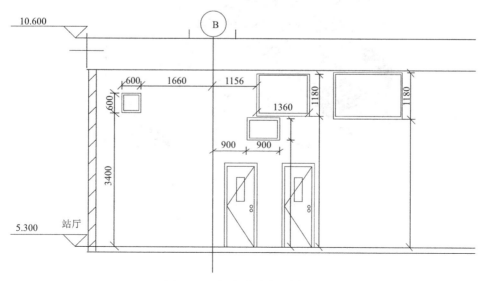

图 4.2-6 管线过墙孔洞剖面图

71

（3）碰撞检查的应用

此处所提的碰撞检查为最后的查漏补缺图纸审查。

1）工作要求

根据相关技术规范，基于综合模型进行碰撞检查，对碰撞检查结果及时协调并进行管线调整。

2）工作方法

首先在综合模型中检查管线之间是否符合综合原则；其次在机电管线综合的基础上对（保温、操作空间、检修空间等）进行软硬碰撞检测，检查是否符合相关技术规格。最后对碰撞检查结果及时进行调整。

3）碰撞检查的应用

对 BIM 模型进行碰撞检查，调整机电管线，减少各专业模型间相互干涉，避免碰撞，减少返工。机电不同专业间的碰撞检查，如图 4.2-7 所示。

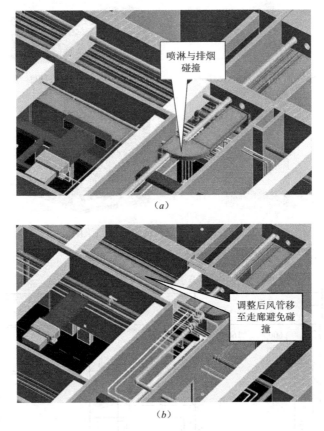

图 4.2-7　机电不同专业的碰撞检查

（a）深化设计前；（b）深化设计后

4.3　机电工程预留预埋

装配式混凝土结构机电施工主要包括建筑给水排水及采暖工程、建筑电气工程、通风与空调工程、智能建筑工程等专业工程。由于采用预制混凝土构件，避免现场剔槽开孔，在预制加工厂的预留预埋必须精确，因此对机电各专业与土建的配合提出了更高的要求。通过BIM技术的应用，做好精细设计以及定位，对机电各专业管线在预制构件上预留的套管、开孔、开槽位置尺寸进行综合及优化，并避免错漏碰缺，降低生产及施工成本，减少现场返工。

4.3.1　机电工程预留预埋主要工作

装配式混凝土结构机电工程预留预埋包括两部分内容，第一部分预留预埋工作在预制构件加工厂完成。第二部分内容是现场叠合构件和现场连接部位的预留预埋。这两部分内容均包括电气预留预埋、水管道预留预埋和通风空调预留预埋。

电气预留预埋工作主要包括嵌入式配电箱位置预留洞、桥架过墙和楼板预留洞的预留施工，照明、动力线管及过墙电气套管的预埋等施工。水管道预留预埋工作包括给水排水、消防水、空调水套管及预埋件的施工。通风空调预留预埋工作主要包括风管穿越防火墙、墙体或楼板的预埋或防护套管。

4.3.2　机电工程预留预埋要求

（1）一般要求

机电工程预留预埋以优化的施工图纸和相关规范为依据，机电工程施工前需编制施工方案，进行技术交底、并开展主要的设备、材料采购及主要施工机具准备工作。

（2）预留套管与预留孔洞要求

预留套管或洞应按设计图纸中管道的定位、标高，同时结合装饰、结构专业，绘制预留套管或预留洞图。现行国家标准《装配式混凝土建筑技术标准》GB/T 51231对穿越预制墙体的管道预留洞或套管的尺寸给出了相关要求。

给水、消防管穿越预制墙、梁、楼板可预留普通钢套管或预留洞，预留套管尺寸参见表4.3-1中的$DN1$。管材为焊接钢管、镀锌钢管、钢塑复合管（外径）。

公共部位消防管道横管可穿梁设置或梁下设置，穿梁设置的消防横管应在预制梁上预留钢套管，套管规格见表4.3-1。

当装配式混凝土建筑的喷淋系统管道为穿梁设置时，梁内预留套管，管道规格见表4.3-1。

给水、消防管穿墙、梁、楼板预留普通钢套管尺寸表（mm）　　　　表4.3-1

管道公称直径	15	20	25	32	40	50	65	80	100	125	150	200
钢套管公称直径$DN1$（适用无保温）	32	40	50	50	80	80	100	125	200	225	250	300

注：保温管道的预留套管尺寸，应根据管道保温后的外径尺寸确定预留套管尺寸。

排水管穿越预制梁或墙预留普通钢套管尺寸参见表 4.3-1 中的 $DN1$；排水管穿预制楼板预留孔洞尺寸参见表 4.3-2。管材为塑料排水管和金属排水管。

排水管穿楼板预留孔洞尺寸表（mm）　　　　　表 4.3-2

管道公称直径 DN	50	75	100	150	200	
预留圆洞 ϕ	125	150	200	250	300	
普通塑料套管公称直径	100	125	150	200	250	带止水环或橡胶密封圈

排水立管、通气立管穿屋面预留刚性防水套管尺寸参见表 4.3-3。管材为柔性接口机制排水铸铁管。

穿屋面刚性防水套管尺寸表（mm）　　　　　表 4.3-3

管道公称直径 DN	75	100	150
$D2$	93	118	169
$D3$	140	168	219
$D4$	250	280	330

其余管道穿越预制屋面楼板时，应预埋刚性防水套管。

阳台地漏、采用非同层排水方式的厨卫排水器具及附件预留孔洞尺寸参见表 4.3-4。

排水器具及附件预留孔洞尺寸表（mm）　　　　　表 4.3-4

排水器具及附件种类	大便器	浴缸、洗脸盆、洗涤盆	地漏、清扫口			
所接排水管管径 DN	100	50	50	75	100	150
预留圆洞 ϕ	200	100	200	200	250	300

消火栓箱应于预制构件上预留安装孔洞，孔洞尺寸各边大于箱体尺寸 20mm，箱体与孔洞之间间隙应采用防火材料封堵。

（3）质量控制要求

预留预埋使用材料的规格型号符合设计要求，并有产品质量合格证与检验报告。与相关各专业之间，应进行交接质量检验，并形成记录。隐蔽工程应在隐蔽前经验收各方检验，合格后方能隐蔽，并形成记录。在施工过程中，要密切与土建单位配合，在每个套管安装完毕后，要随时用堵头封堵，不得有遗漏现象，防止管路堵塞。所有套管在剪力墙中不得有焊缝。

（4）成品保护

结构混凝土浇筑时，施工员在施工现场看护，在混凝土浇筑过程中如发现施工完成部分遭到破坏，组织人员及时修复。

混凝土拆模后，专业工程师要对预埋件、预留孔洞位置、孔洞尺寸、孔壁垂直度等进行复测，保证满足规范要求。拆模后对易破坏的预埋件，采用木箱保护，对电气预埋管线做好管口封堵工作等。

4.3.3　预制构件预留预埋

装配式结构预制构件预留预埋要求机电专业提供深化设计图纸，由工厂技术人员根据预制构件的拆分情况进行排版，排版以后反馈给现场机电专业人员，按规范校对审核，最终由工厂技术人员出具加工图进行加工制造。现场机电专业对预制构件的预留预埋质量进行验收。

（1）预留预埋深化设计

预留预埋施工图以审批通过的综合深化设计图纸为依据。在预留预埋阶段应充分利用BIM技术的可视化特点，进行各专业的协调和沟通，将优化好的机电BIM模型提交给土建合成综合BIM模型。对综合BIM模型进行模块划分确定预制构件模块，同时需考虑电线管的具体位置（定位）、走向、管径、材质，开关盒、强弱电箱、接线盒等具体位置（定位），以及材质、规格型号，确定管段起始点的位置，将盒、箱、套管位置进行标注，最终形成用于施工的各层预留孔洞平面图和各墙面预留孔洞剖面图。

（2）预制构件预留预埋验收

为保证机电施工的准确性，机电施工前应先对土建已经完成的预留预埋工作进行校核。预制构件上的预埋管线和预留孔洞按施工图要求进行编号并标注在构件上，便于机电专业现场验收。预留预埋产生的误差，要及时反应在各专业施工图与BIM模型中。预制构件上的预埋件、预留插筋、预留孔洞、预埋管线等规格型号、数量和位置应符合设计要求，混凝土预制构件预留预埋允许偏差及检验方法见表4.3-5。

混凝土预制构件预留预埋允许偏差及检验方法　　　　表 4.3-5

构件类型	检查项目			允许偏差（mm）	检验方法
预制板类构件	预埋部件	预埋钢板	中心线位置偏移	5	用尺量测纵横两个方向的中心线位置，记录其中较大值
			平面高差	0，−5	用尺靠紧在预埋件上，用楔形塞尺量测预埋件平面与混凝土面的最大缝隙
		预埋螺栓	中心线位置偏移	2	用尺量测纵横两个方向的中心线位置，记录其中较大值
			外露长度	+10，−5	用尺量
		预埋线盒、电盒	在构件平面的水平方向中心位置偏差	10	用尺量
			与构件表面混凝土高差	0，−5	用尺量
	预留孔		中心线位置偏移	5	用尺量测纵横两个方向的中心线位置，记录其中较大值
			孔尺寸	±5	用尺量测纵横两个方向尺寸，取其中最大值
	预留洞		中心线位置偏移	5	用尺量测纵横两个方向的中心线位置，记录其中较大值
			洞口尺寸、深度	±5	用尺量测纵横两个方向尺寸，取其中最大值

构件类型	检查项目			允许偏差（mm）	检验方法
预制墙板类构件	预埋部件	预埋钢板	中心线位置偏移	5	用尺量测纵横两个方向的中心线位置，记录其中较大值
			平面高差	0，−5	用尺靠紧在预埋件上，用楔形塞尺量测预埋件平面与混凝土面的最大缝隙
		预埋螺栓	中心线位置偏移	2	用尺量测纵横两个方向的中心线位置，记录其中较大值
			外露长度	+10，−5	用尺量
		预埋套筒、螺母	中心线位置偏移	2	用尺量测纵横两个方向的中心线位置，记录其中较大值
			平面高差	0，−5	用尺靠紧在预埋件上，用楔形塞尺量测预埋件平面与混凝土面的最大缝隙
	预留孔		中心线位置偏移	5	用尺量测纵横两个方向的中心线位置，记录其中较大值
			孔尺寸	±5	用尺量测纵横两个方向尺寸，取其中最大值
	预留洞		中心线位置偏移	5	用尺量测纵横两个方向的中心线位置，记录其中较大值
			洞口尺寸、深度	±5	用尺量测纵横两个方向尺寸，取其中最大值
预制梁柱桁架类构件	预埋部件	预埋钢板	中心线位置偏移	5	用尺量测纵横两个方向的中心线位置，记录其中较大值
			平面高差	0，−5	用尺靠紧在预埋件上，用楔形塞尺量测预埋件平面与混凝土面的最大缝隙
		预埋螺栓	中心线位置偏移	2	用尺量测纵横两个方向的中心线位置，记录其中较大值
			外露长度	+10，-5	用尺量
	预留孔		中心线位置偏移	5	用尺量测纵横两个方向的中心线位置，记录其中较大值
			孔尺寸	±5	用尺量测纵横两个方向尺寸，取其中最大值
	预留洞		中心线位置偏移	5	用尺量测纵横两个方向的中心线位置，记录其中较大值
			洞口尺寸、深度	±5	用尺量测纵横两个方向尺寸，取其中最大值

　　为了保证预制构件吊装过程中正常施工要求，应加强对预制构件上的建筑附件、预埋件、预埋吊件的保护。在安装过程中发现预埋件的尺寸、形状发生变化时或对预埋件的质量有疑议时，应对该批预埋件再次进行复检，合格后方可使用。

4.3.4　现场预留预埋施工

　　（1）防雷接地预留预埋

　　一般民用建筑的防雷接地系统是由接闪器、避雷带、均压环、引下线、接地装置等组成，其安装是在土建施工的过程中实施的，而作为装配式建筑，由于其梁和柱是在工厂中预制而成，在施工现场进行拼装，其防雷接地系统中的接闪器、避雷带、接地装置与传统的施工方法一致，而其中的均压环和引下线由于梁柱的拼装存在断点，无法和传统的做法一致，其施工方法如下。

　　1）引下线

　　引下线的做法分为柱与柱之间的连接，柱与平台的连接，预制柱之内作为引下线的主筋在工厂预制时需进行焊接，预制柱内的引下线在拼接节点处用 $\phi10$ 的圆钢引出预制柱外，上柱与下柱之间引出的 $\phi16$ 的钢筋用 $100mm\times100mm\times4mm$ 的钢板在柱外焊接，要注意在工厂预制时作为引下线的钢筋需用油漆做标识，且作为引下线的钢筋，上柱与下柱不能错位。其具体做法如图 4.3-1 所示。

　　现场施工图片如图 4.3-2 所示。

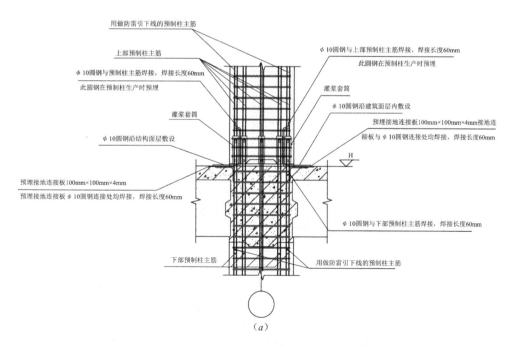

图 4.3-1　防雷接地引下线做法

（a）预制柱间引下线的连接大样图

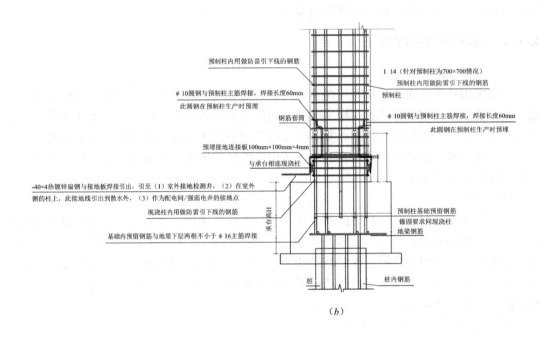

（b）

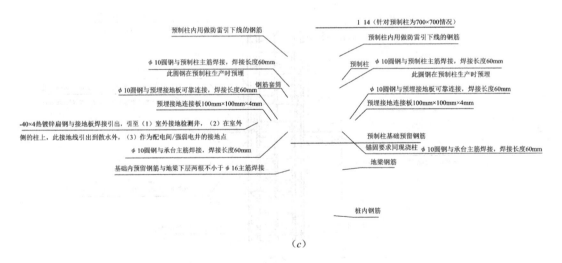

（c）

图 4.3-1 防雷接地引下线做法（续）

（b）底层预制柱间引下线的连接大样图（承台标高低压一层标高时）；

（c）底层预制柱间引下线的连接大样图（承台标高与一层结构标高相同时）

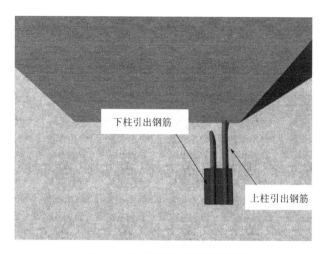

图 4.3-2　预制柱引下线焊接完成

2）均压环

由于装配式建筑梁柱均为在工厂生产，现场进行拼装，拼装后的梁柱节点随叠合板一起进行现场浇筑。首先把结构外边梁内主筋连接成闭合回路形成均压环，然后在边梁与预制柱拼接点处，把该均压环与预制柱内的防雷引下线主筋可靠连接，如图 4.3-3 所示。

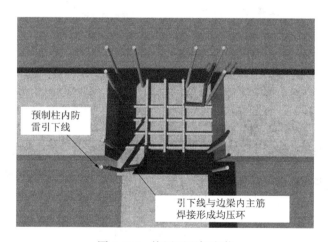

图 4.3-3　均压环现场安装

（2）线管的预留预埋

装配式建筑中楼板采用的叠合板，有一半楼板在工厂中预制，预制板在施工现场拼装完成后，再在预制板上铺面层钢筋进行现场浇筑。

鉴于此种情况，与传统建筑不同，机电线管的预留预埋也需分两步进行，一是叠合板在工厂生产过程中需先把线盒预埋进去，线盒固定在叠合板的底层钢筋上，要求定位要准确；二是叠合板在现场拼装完成后进行面层钢筋铺设前把线管敷设进去。由于是分两步进行，接线盒与传统的 86 型盒相比要长一些，一般 86 型盒的长度为 50～75mm，而预制板内的接线盒根据叠合板预制厚度一般为 100～115mm。预埋电气管线的做法分为以下几种情况，如图 4.3-4 所示。

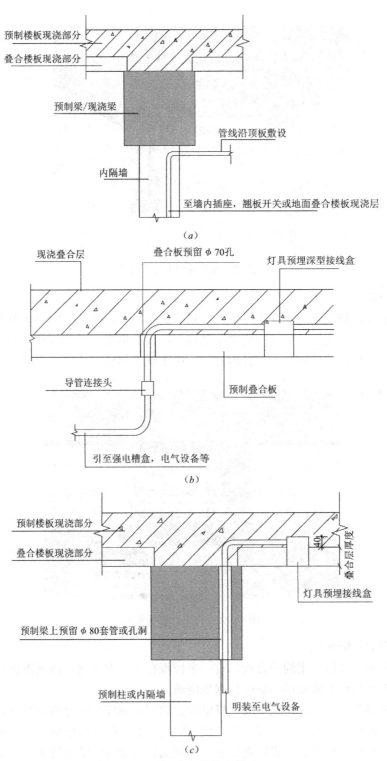

图 4.3-4　预埋电气管线的做法（一）

（a）管线从叠合梁下至内隔墙连接大样图；

（b）管线穿越叠合楼板与灯接线盒连接大样；

（c）管线从叠合楼板穿叠合梁至电气设备连接大样

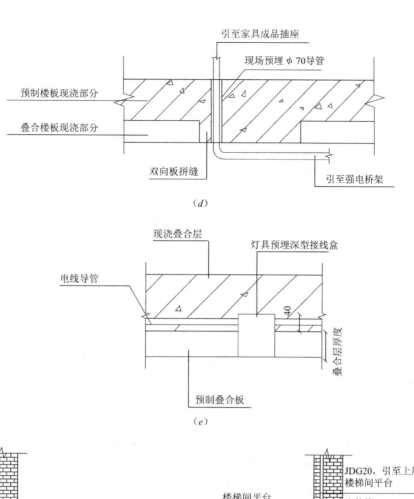

（d）

（e）

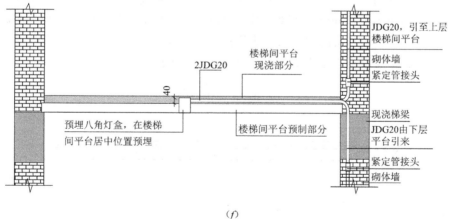

（f）

图 4.3-4 预埋电气管线的做法（二）

（d）插座从叠合楼板下穿双向板拼接缝至家具成品线槽连接大样；

（e）八角灯头盒预埋及线管连接大样图；

（f）楼梯间平台灯具管线预埋及敷设大样图（注：灯盒、管线在叠合楼板上暗敷）

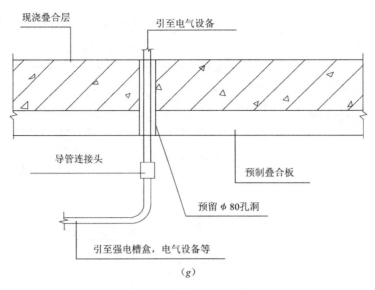

图 4.3-4 预埋电气管线的做法（三）

（g）管线穿越叠合楼板与电气设备连接大样图

机电线管应在叠合板就位后，根据图纸要求以及盒、箱的位置，顶筋未铺时敷设管路，并加以固定。土建顶筋绑好后，应再检查管线的固定情况。在施工中需注意，敷设于现浇混凝土层中的管子，其管径应不大于混凝土厚度的 1/2。由于楼板内的管线较多，所以施工时，应根据实际情况，分层、分段进行。先敷设好与已预埋于墙体等部位的管子，再连接与盒相连接的管线，最后连接中间的管线，并应先敷设带弯的管子再连接直管。并行的管子间距不应小于 25mm，使管子周围能够充满混凝土，避免出现空洞。在敷设管线时，应注意避开土建所预留的洞。当管线从盒顶进入时应注意管子煨弯不应过大，不能高出楼板顶筋，保护层厚度不小于 15mm，如图 4.3-5 所示。

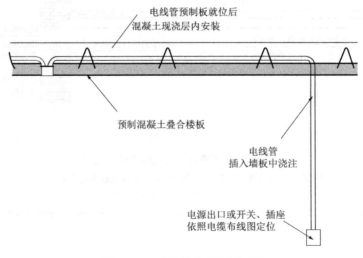

图 4.3-5 现浇层内配管剖面图

梁内的管线敷设应尽量避开梁。如不可避免，管线穿梁时，应选择梁内受剪力、应力较小的部位穿过，竖向穿梁时，应在梁上预留钢套管。

管路固定采用与预制平台板内的楼板支架钢筋绑扎固定，固定间距不大于1m。如遇到管路与楼板支架钢筋平行敷设时候，需要将线管与盖筋绑扎固定。填充墙出往下引管不宜过长，以透出楼板100～150mm为准，如图4.3-6所示。

图4.3-6　平台现浇层内管路固定

现浇层内二次预留洞在施工现场现浇层内对照原先预留好的半成品预留洞口，用同种规格的套管二次留洞，需要绑扎牢固，防止浇筑混凝土时候位移。在混凝土初凝时候旋转套管拔出。

机电线管直埋于现浇混凝土内，在浇捣混凝土时，应有防止电气管发生机械损伤和位移的措施。在浇筑现浇层混凝土时候，应派专职电工进行看护，防止发生踩坏和振动位移现象。对损坏的管路及时进行修复，同时对管路绑扎不到位的地方进行加固。

现浇层浇筑后再及时扫管，这样能够及时发现堵管不通现象，便于处理及在下一层进行改进。对于后砌墙体，在抹灰前进行扫管，有问题时修改管路，便于土建修复。经过扫管后确认管路畅通，及时穿好带线，并将管口、盒口、箱口堵好，加强成品配管保护，防止出现二次塞管路现象。

（3）机电管线预留孔洞

机电洞口预留需与土建工程协调，注意预留洞孔的加固。暗装配电箱的预留墙洞在混凝土构件预制时完成，根据预留孔洞的尺寸先将箱体的标高及尺寸确定好，并将暗埋底箱固定，然后用水泥砂浆填实并抹平。预留洞施工完成后，进行二次复核，预留洞尺寸、位置无误后，进行交接验收。

水管道的预留预埋主要为管道井、穿楼板的预留孔洞及外墙套管、人防套管的安装以及穿混凝土隔墙的套管预留预埋。严格按图纸设计要求或标准图集加工制作模盒、预埋铁件及穿墙体、水池壁、楼板或结构梁的各种形式钢套管。预留孔洞根据尺寸做好木盒子或钢套管，确定位置后预埋，并采用可靠的固定措施，防止其移位。为了避免遗漏和错留，在核对间距、尺寸和位置无误并经过相关专业认可的情况下，填写《预留洞一览表》（表格样式见表4.3-6），施工过程中认真对照检查。在浇筑混凝土过程中要有专人配合复核校对，看管预埋件，以免移位。发现问题及时沟通并修正。

预留洞一览表   表4.3-6

序号	洞口编号	轴线位置（mm）	标高（m）	规格	完成情况	备注
1	排水001					
2	通风001					
3	...					

预留孔洞的尺寸，如设计无要求，应按表4.3-7的规定执行。

预留孔洞尺寸一览表   表4.3-7

序号	管道名称		明管	暗管
			留孔尺寸长×宽（mm）	墙槽尺寸宽度×深度（mm）
1	给水立管	≤DN25	100×100	130×130
		DN32~DN50	150×150	150×130
		DN70~DN100	200×200	200×200
2	一根排水立管	≤DN50	150×150	200×130
		DN70~DN100	200×200	250×200
3	二根给水立管	≤DN32	150×100	200×130
4	一根给水立管和一根排水立管在一起	≤DN50	200×150	200×130
		DN70~DN100	250×200	250×200
5	二根给水立管和一根排水立管在一起	≤DN50	200×150	250×130
		DN70~DN100	350×130	380×200
6	给水支管	≤DN25	100×100	60×60
		DN32~DN40	150×130	150×100
7	排水支管	≤DN80	250×200	—
		DN100	300×250	—
8	排水主干管	≤DN80	300×250	
		DN10~DN125	350×300	

在配合施工中，专业人员必须随工程进度密切配合土建专业作好预留洞工作。管道井和管道穿梁、楼板都应和土建配合预留好，注意加强检查，绝不能有遗漏。

（4）套管的预埋

穿楼板和后砌隔墙套管预留预埋施工，主要采取以下形式，安装方法及要求如下：

1）套管管径参照下列标准进行选择，见表 4.3-8。

预埋套管管径选择表 表 4.3-8

序号	管径（mm）	套管管径（mm）	备注
1	50~75	80~100	
2	75~100	125~150	保温管道套管规格大 2 号
3	125~150	150~200	
4	200~300	250~350	

2）套管安装方法及要求见表 4.3-9。

预埋套管安装方法及要求表 表 4.3-9

序号	套管安装位置	套管安装样图	符号说明
1	穿建筑内隔墙套管		1—钢管； 2—钢套管； 3—密封填料； 4—隔墙； 5—不锈钢装饰板（明露管道适用）
2	穿无防水要求的楼板		1—钢管； 2—钢套管； 3—密封填料； 4—楼板
3	穿有防水要求的楼板（如屋顶等）		1—钢管； 2—钢套管； 3—翼环； 4—挡圈； 5—石棉水泥； 6—油麻

4.4 机电模块化组装

基于 BIM 的机电工业化产品加工在工厂制造阶段涉及多个工序、大量人员和设备，管理的复杂性也相应增加。目前通过管道预制生产线等数控机加工新设备的引进、对已有设备的改造以及管理方式的变革等措施，具备了基于 BIM 机电数字化加工模型匹配的初步加工条件和能力。而在整个制造过程中，得益于施工模型数据的即时采集、传递、处理，并与 BIM 进行集成、分析、展现和存储等，使整个机电工业化加工制造过程做到较高的精确度。

4.4.1　BIM 工业化加工系统功能设计

BIM 的工业化加工系统可以实现创建深化设计模型、模型细部处理、产品模块评价、模型工程量提取、机电产品加工模型分批、工艺文件编制、加工实施、产品质量验收入库等功能，机电工业化加工 BIM 系统应用流程如图 4.4-1 所示。

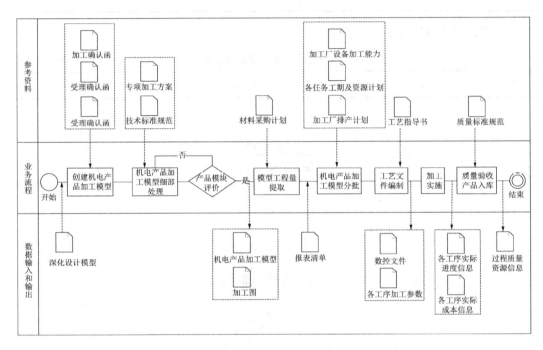

图 4.4-1　机电工业化加工 BIM 典型应用流程示意

机电产品加工 BIM 典型应用流程包含了模块准备、模块加工、模块检验入库等环节。模块准备环节包含深化设计模型和设计文件导入，创建机电加工模型和进行产品模块评价；模块加工环节是基于机电加工模型提取工程量，结合工期计划及工厂加工生产能力等，对机电产品进行分批加工；模块检验环节将机电产品的质量、运输安装准备等信息及时附加或关联到模型中。通过机电模块化产品工序化管理，将创建的机电产品加工模型结合图纸信息、材料信息、进度信息转化为以工序为单位的制造信息，借助先进的数据采集手段和数字化加工设备，以机电产品加工模型作为信息交流的平台，通过施工过程信息的实时添加和反馈补充完善，最终产品通过质量验收入库，提高数据处理的效率和数字化加工的精准度，为机电产品施工安装的高质量提供保障。

4.4.2　机电模块划分编码

在深化设计阶段输入的 BIM 模型基础上，进行机电产品加工模型创建，同时需要进行数字化模块产品设计，包含模块划分、模块综合、模块编码和模块评价部分。按照模块的功能性差异划分为不同层次的模块，建立模块产品数据库，形成标准系列化产品。某一建筑机电空间环境根据产品规划和功能分析宜划分为空间、部位、部件三级模块，如图4.4-2 所示。

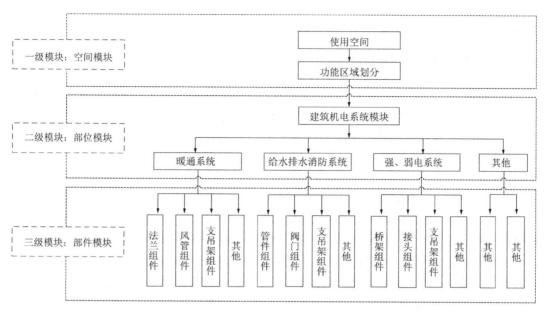

图 4.4-2　某一建筑机电模块划分示意

按照机电类专业与非机电类专业的功能组合原则，选择具有不同功能区域的模块进行模块综合。按照模块编码的唯一性原则，对建筑机电系统各综合模块进行编码，包括空间、部位、部件三级模块的类别、名称，按表 4.4-1 采用。

建筑机电模块编码表

表 4.4-1

模块等级	主码（副码）		编码范围
一级模块：空间模块（A）	主码	空间模块编码	01～99
	（副码）	（功能区域编码）	（01～99）
二级模块：部位模块（B）	主码	部位模块编码	001～999
	（副码）	（分部位或部件编码）	（001～999）
三级模块：部件模块（C）	主码	部件模块编码	（0001～9999）* 或（字母＋三位数字）
	（副码）	（零件或组件编码）	（0001～9999）* 或（字母＋三位数字）

注：* 该级的模块相对较多，为方便查询和区分，编码的第一位可以由字母代替，来表示模块的类别。

机电工业化加工 BIM 应用，需要从 BIM 模型中提取加工用的数据信息。根据制造厂产能、设备、管理模式等条件，数据输入时需要考虑：

（1）数据的编码应与实际管理模式相适应。针对不同的设备和管控方法，所需的数据格式与类型也不相同。

（2）数据输入时，应做到以工序管理为基本落脚点，将数据采集和施工管理重心放在工序管理上。从 BIM 模型中获取加工数据，通过数据传输发送到各个工序，每个工序又将加工的结果反馈到模型中。

4.4.3 机电模块化组装应用

目前应用的一些机电模块化技术，主要有以下几类：机电安装管线类模块化技术、机电设备模块化技术、机电辅助设施类模块化技术及其他类机电模块化技术。

1. 机电安装管线类模块化技术

主要涵盖了管线系统模块化制作安装技术、组合立管模块化技术、管道预制加工生产技术等。

（1）管线系统模块化组装技术

管线系统模块化组装技术是针对水平密集管线群施工质量难以提高、施工效率低、危险性大等诸多问题提出的解决方法。其基本原理是将每个管线或设备组视为一个单元，每6～8m 水平管组为一节。通过深化设计，绘制详细的管道布置及管节加工图，在工厂进行预制生产。每一根管道按图纸位置固定在管架上，从而使管道与支吊架之间，支吊架与支吊架之间，管道与管道之间形成稳定的整体（节）。如图 4.4-3 所示。

图 4.4-3 管线模块示意

整套模块化管线系统包括：管线预制→支吊架设计加工→管线安装施工→管线试压。依据分割成的相应管线模块组，在建造过程中分批次运往安装现场，整体安装施工调试。

（2）组合立管模块化技术

组合立管模块化技术，用于多层建筑的管井管道安装，包括若干组立管系统模块，每组立管系统模块包括管道支架以及固定在所述管道支架上的若干根立管，相邻两根立管之间的间距一致，立管长度与楼层高度相适配；立管系统模块所在管井与楼层的楼板为整体浇筑，且上、下两组立管系统模块的立管之间位置一一对应，形成稳定的管井结构，如图4.4-4 所示。

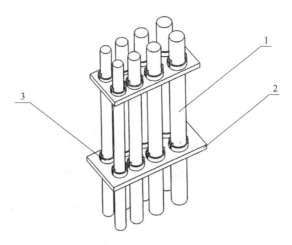

图 4.4-4 组合立管
1—立管；2—管道支架；3—定位管卡

主要实施流程为：

1）组合立管深化设计

根据竖井综合排布图进行二次深化，绘制组合立管组管井排布图；再根据立管组管井排布图绘制零件加工图，依据零件加工图进行制作。

2）组合立管加工试验

根据组合立管零件加工图的要求，分别进行管组加工和安装、转立吊装试验环节，如图 4.4-5 所示。

图 4.4-5 转立吊装试验

3）组合立管吊装运输

管组通过塔式起重机吊运至倒运层卸料平台，再通过卷扬机和倒运小车等设备将构件运至核心筒内部吊装设备下部，如图 4.4-6 所示。

4）组合立管组就位安装

管组就位后安排焊工对接管组进行焊接施工，焊接后进行相控阵超声检测成像探伤检查，组合立管组施工完毕后管架密封板上层土建可进行打灰处理，满足防火要求。

图 4.4-6　组合立管吊装运输过程

（3）管道预制加工生产技术

通过引进管道自动化预制生产线技术，形成了固定式和移动集装箱式两种标准化管道预制生产流程，实现了采用计算机软件绘图、统计，实时监控管道预制生产线的进料、出库、无损检测等生产过程和焊接质量标准化流程，管道预制焊口合格率已达到 98.5%。

管道预制加工是预先在设计建模时将施工所需设备的参数输入到模型当中，将模型根据现场实际情况进行调整，调整完成后再将设备的各个信息导出得到完整的管道预制加工图。依据加工图按以下流程实施管道预制加工：施工准备→BIM 软件精准建模→进行模型与施工场地复核，确定管道下料尺寸及相应配件→利用精确的 BIM 模型图确定管道预制加工图，并对管道进行分解、编号→管道、支吊架加工制作→管道批量运输→现场组装→管道焊接、试压验收。如图 4.4-7 所示。

图 4.4-7　管道预制加工生产线示意

2. 机电设备模块化技术

以撬装化制冷机房为代表，包含了循环水泵预制单元、集分水器预制单元、空调风机盘管阀门组预制单元和支撑钢结构框架预制单元等。

（1）循环水泵预制单元

组装施工流程：图纸制作→减震台→基础浇筑→安装水泵→进出水管阀门组制作→拼装。

制冷机房空间狭小，在施工前充分考虑安装空间，制作精确模型后，再根据模型出施工图，将水泵区域作为一个单元进行预制施工。基础浇筑完成后，再在基础上制作减震台座，后将水泵安装于减震台座上，同时制作水泵进出水管端的管道阀门单元体，制作完成后进行拼装与固定。

（2）集分水器预制单元

组装施工流程：图纸制作→集分水器安装→管道及阀门组合体制作→拼装及固定。具体为：先绘制精确制冷机房模型，再根据模型对集分水器区域进行预制单元体施工，将深化后的集分水器大样图提交厂家进行制作，同时浇筑混凝土基础，集分水器及基础完成后，安装集分水器，集分水器上管道与阀门进行组合预制，预制完成后进行拼装与固定。

（3）空调风机盘管阀门组预制单元

组装施工流程：施工准备→测量、下料→组装→样板验收→批量生产→现场拼装。

空调器、风机盘管总数量基数大，相同规格型号的设备数量较大，空调机房之间的布局也大体相同，相同型号设备的接管阀门组预制组合，批量生产创造了十分有利的条件，将 BIM 模型与现场测量结合起来，由测量下料到预制组合，再到现场拼装，形成流水线施工，大大提高设备接管的安装效率。

3. 机电辅助设施类模块化技术

机电辅助设施类模块化技术以装配式调节型支吊架为代表，克服了传统焊接支吊架存在的一些缺点，包括：①材料浪费；②安全隐患，焊接支吊架制作过程易引燃施工现场的易燃物，存在隐患；③环境污染；④安装成本较高；⑤美观性较差。

装配式调节型支吊架由管道连接的管夹构件与建筑结构连接的生根构件构成，将这两种结构件连接起来的承载构件、减震构件、绝热构件以及辅助安装件，构成了装配式支吊架系统。除可满足不同规格的风管、桥架、系统工艺管道的应用，尤其在错层复杂的管路定位和狭小管笼、平顶中施工，更可发挥灵活组合技术的优越性。根据 BIM 模型确认的机电管线排布，通过数据库快速导出设计支吊架形式，经过强度计算确认支吊架型材选型，设计制作装配式组合支吊架，如图 4.4-8 所示。现场仅需简单机械化拼装，减少现场测量、制作工序，减少现场测量预制人工，降低材料废弃率、安全隐患，实现施工现场绿色、节能。

图 4.4-8 装配式支吊架安装图

4. 其他类机电模块化技术

以一体化窗台模块化装配应用为代表，一体化窗台首先是对原设计风机盘管进行综合排布，节省高层建筑尤其超高层建筑的排布面积产生重大经济效益，另外，达到机电与装饰两个专业界面合二为一，实现工厂化预制，现场装配施工，直接以成品形式交工，使现场施工交叉、复杂、时长等复杂因素变为简单，符合装配式建筑的模块化设计应用趋势。

如图 4.4-9 所示，某工程一体化窗台风机盘管优化排布前后对比。

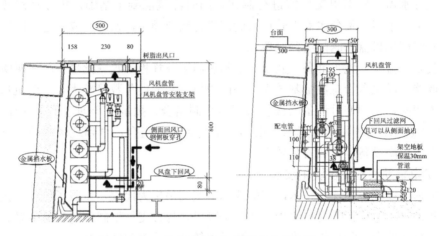

图 4.4-9　一体化窗台风机盘管优化排布对比

如图 4.4-9 优化所示，主空调管道在下层吊顶内布置，减少对幕墙防火封堵的影响，风盘按 190mm 厚设计，总体窗台宽度由 500mm 缩减为 300mm；回风形式由侧回改为下回；回风过滤网从下端侧面抽出；风盘由两侧接管，大大提高了有效面积的利用。

一体化窗台模块化施工应用主要优点：采用一体化施工，由同一家单位进行施工，可以减少施工配合，从而节省施工期，减少工序交叉，增加工作效率，以达到节省工期的效果。现场安装效果如图 4.4-10 所示。

图 4.4-10　一体化窗台模块化施工现场

4.4.4 机电模块化组装的优势和意义

模块化组装是现代先进的施工方式,其先进性在于大规模进行平行作业,自动化生产,从而大大地缩短了工期,减少人工,节约成本。对于传统的机电安装流程为:移交工作面,待设备基本引入到位后,开始进行管线、配件等安装,全部流程为单线施工。模块化组装把流程进行了优化,依靠当今的先进技术,将施工现场预制安装等与后方加工厂的预制进行了深度地交叉,也就是将施工现场所需预制加工的管道、风管等预制都放置在后方加工厂依据初始的 BIM 设计模型完成制造后运输至施工现场进行施工安装,从而缩短工期。但是模块化施工方式是有前提条件的,它很大程度上依赖于较先进的制造技术、加工技术与信息集成技术。只有拥有了相当水平的制造加工技术与管理体系,才能实现大量模块精密的对接;只有拥有了相当高的施工管理信息化水平,才能满足平行作业有条不紊地同步管理。

机电模块化组装施工的优点:①机电模块化构件在加工厂中预制,便于组织工业化生产、提高工效、减少材料消耗、受季节影响小,并且具有加工速度快、施工简便、组装灵活、用工用料省等;②模块化生产可以在后方加工厂预制、组装,做到与现场同步甚至可以提前,这样就能保证加工厂流水作业、现场安装两不误,以节省大量的时间、人力、物力。

机电工程安装施楼层高、体量大,各专业安装管线复杂,机电安装的施工进度对工期影响较大。为确保按照工期保质保量的完工,利用模块化组装配技术对机电专业综合廊道管线、竖井管道进行模块化设计、加工,并进行系统模块通过物流运送到现场,结合现场精确测绘,由装配技术成熟的工人进行组装,以保证模块化施工装配质量。

4.5 机电预安装及物流管理

4.5.1 基于 BIM 技术的机电预安装

基于 BIM 综合模型,对于施工工艺进行三维可视化的模拟展示或探讨验证,模拟主要施工工序,协助各施工方合理组织施工,并进行施工交底,从而进行有效的施工管理。对机电设备运输方案进行方案模拟,分析确定运输方案是否可行,验证施工方案、材料设备选型的合理性,协助施工人员充分理解和执行方案的要求。

基于 BIM 技术的机电预安装过程中,可基于施工组织模型和施工图创建施工工艺模型,并将施工工艺信息与模型关联,输出资源配置计划、施工进度计划等,指导模型创建、视频制作、文档编制和方案交底。

1. 机电预安装常规内容

(1) 设备运输及复杂构件安装模拟

设备运输及复杂构件安装工艺模拟时需综合分析柱、梁、板、墙、障碍物等因素,优化设备及构件进场时间点、吊装运输路径和预留孔洞等,通过 BIM 技术进行可视化展示或施工交底。

(2) 重、难点施工方案及复杂节点施工工艺模拟

重、难点施工方案及复杂节点施工工艺模拟时需优化节点各构件尺寸、各构件之间的连接方式和空间要求，以及节点施工顺序，通过 BIM 技术进行可视化展示或施工交底。

2. 机电预安装应用流程

针对施工方案、工艺标准、技术交底等文件要求，对需要进行施工工艺模拟的构件或工序进行三维建模和整合，应补充工艺模拟中所需元素及信息。工艺模拟工作流程如图 4.5-1 所示。

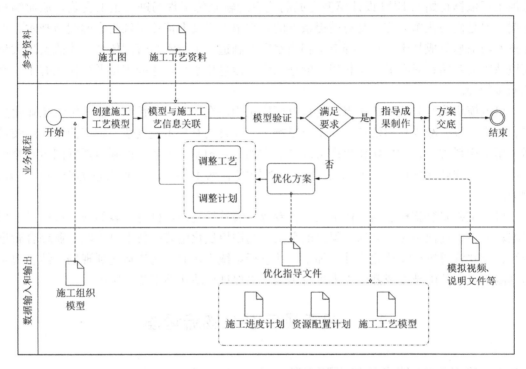

图 4.5-1　施工工艺模拟 BIM 应用典型流程

（1）将三维模型导出，生成模拟软件支持的数据格式，在模拟软件中进行集合整理，通过软件的动画功能，添加场景进行工序动画制作。最终进行三维模拟渲染或者工序动画演示等操作。

（2）将生成的成果文件进行展示，并进行进一步探讨验证。最终将模型应用在现场指导施工。

4.5.2　机电预安装应用案例

1. 模块化设计组合安装工艺模拟

图 4.5-2 所示为某工程中通过 BIM 技术模拟安装走廊机电模块。

2. BIM 技术辅助设备安装预安装模拟

图 4.5-3 所示为某工程制冷机组通过 BIM 技术进行预安装，在模拟软件中能够清楚地知道制冷机组在整个吊装过程中与障碍物之间的距离，通过软件模拟验证该吊装运输方案是可行的。

图 4.5-2 利用 BIM 技术安装走廊机电模块模拟示意

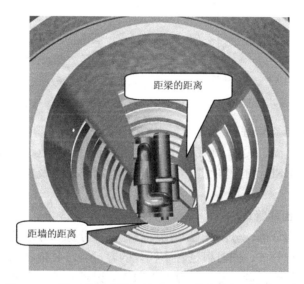

图 4.5-3 某工程制冷机组通过 BIM 技术进行预安装示意

4.5.3 机电模块产品物流管理

基于 RFID 技术的机电模块产品物流管理系统基本作业流程包括接受订货、订货、进货、入库、分拣、托盘分配、出货、配送、交货等环节，每个环节都通过机电模块产品物流管理系统存储、更新有关信息，因此，每个环节都需要使用机电模块产品物流管理系统。整个作业流程从项目订货开始，到交货给项目结束，如图 4.5-4 所示。

主要管理过程：

1. 机电模块产品订单处理

首先由项目提交订单，物流管理系统处理各个项目的订单，定期把项目订单汇总发给供应商，供应商根据项目订单发货。

2. 机电模块产品入库管理

供应商发货后，货物通过配送中心的入口时便由 RFID 阅读器自动采集所有货物的信息，并将货物信息存入数据服务器数据库，完成入库登记，货物完成入库储存。

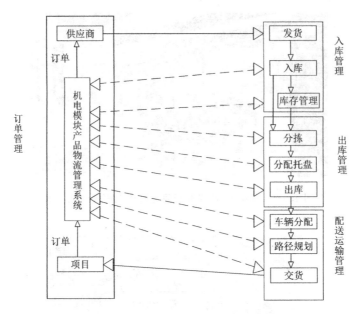

图 4.5-4　基于 RFID 技术的机电模块产品物流管理系统基本作业流程

3. 机电模块产品库存管理

货物入库后，通过固定式的 RFID 阅读器自动完成清点作业，并在数据库中更新库存信息，同时通过装有 RFID 阅读器的货架实时监控货物的库存及位置信息，实现智能库存管理。

4. 机电模块产品出库管理

出库管理主要分为分拣、分配托盘和出库登记。在分拣和分配托盘的环节中，首先根据项目订单对货物进行分拣；同时根据各个托盘的容量、已装货物的多少和货物的目的地等信息，智能分配货物给托盘，并在托盘的 RFID 上记录有关信息和更新数据库中的货物位置和状态；分配托盘之后，在配送中心出口进行出货登记，出货登记也是由 RFID 阅读器自动采集所有出货货物的信息，并在数据库中记录，完成货物出库。

5. 机电模块产品配送运输管理

配送运输管理主要包括车辆分配、车辆路径规划、交货登记。出货完成后，进入配送运输环节，该环节首先根据各个托盘中的货物信息，确定运送每个托盘的车辆，并对各个车辆进行路径规划，完成车辆的智能分配和路径选择；货物在运输途中，借助 GPS 定位系统，准确地了解货物的位置与完备性，对货物配送运输进行实时监控，并对车辆路径进行动态规划，确保货物能够准时、完好地送达目的地；到达目的地后，交货给项目，通过车载 RFID 阅读器对交付货物进行识别与登记，确保货物与订单完全一致，并与物流管理系统通信，反馈交货信息．这样就完成了整个业务流程。

5 装配式建筑内装

5.1 集成式卫生间施工

集成式卫生间采用一体化设计，将住宅内部所有构件进行模数化分解，采用 AB 工法，即将现场湿作业部分和干法施工部分进行有效分离，降低现场作业的比例，所有装修物料在工厂进行预制生产，形成标准化、通用化的部品部件，准时、准量、准规格配送到现场进行装配式施工，实现了住宅装修部品的标准化、模块化、产业化和通用化，解决了传统住宅装修的诸多矛盾和问题。集成式厨房与装配式建筑可实现同时施工，为住宅内部全装修提供了工业化整体解决方案。

5.1.1 集成式卫生间简介

集成式卫生间由工厂生产的楼地面、顶棚、墙板和洁具设备及管线等集成并主要采用干式工法装配完成的卫生间（图 5.1-1），整体式卫生间也称为模块化预制卫生间（Modular Prefab Bathroom Pods，简称 POD），它是在工厂化组装控制条件下，遵照给定的设计和技术要求进行精准生产，在质量和成本上达到最优控制。一套成型的集成式卫生间产品包括顶板、壁板、防水底盘等外框架结构，也包括卫浴间内部的五金、洁具、瓷砖、照明以及水电风系统等内部组件，可以根据使用需要装配在酒店、住宅、医院等环境中，为"即插即用"的成型产品。

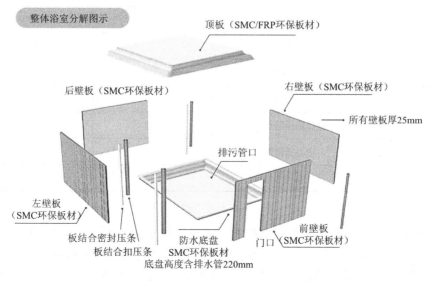

图 5.1-1 整体卫生间分解示意

5.1.2 部品进场检验及存放

1. 部品进场检验

进入现场的部品应具有出厂合格证及相关质量证明文件，产品质量应符合设计及相关技术标准要求。每个产品应进行进场检验，检验项目均应符合相应要求，判定该产品为合格；如出厂检验项目中某项不合格，允许采取补救措施，补救后仍不符合要求，判定该产品为不合格，主要检查内容如下：

（1）一般要求

整体卫浴间设计应方便使用、维修和安装；整体浴室内空间尺寸偏差允许为±5mm；壁板、顶板、防水地盘材质的氧指数不应低于32；壁板、顶板的平直度和垂直度公差应符合图样及技术文件的规定；门用铝型材等复合材料或其他防水材质制作；洗浴可供冷水和热水，并有淋浴器；便器应用节水型；洗面器可供冷水和热水，并备有镜子。整体卫浴间应能通风换气；整体浴室有在应急时可从外面开启的门；坐便器及洗面器应排水通畅，不渗漏，产品应自带存水弯或配有专用存水弯，水封深度至少为50mm；整体卫浴间应便于清洗，清洗后地面不积水；严寒地区、寒冷地区应考虑采暖设施，冬冷夏热地区宜考虑采暖设施。

装配式构件的允许尺寸偏差及检验方法应符合表 5.1-1 的规定。

装配式构件的允许尺寸偏差及检验方法　　　　　　表 5.1-1

项　目		允许偏差（mm）	检验方法
长度、宽度	顶板	±1	尺量检查
	壁板	±1	
	防水盘	±1	
对角线差	顶板、壁板、防水盘	1	尺量检查
表面平整度	顶板	3	2m 靠尺和塞尺检查
	壁板	2	
	瓷砖饰面防水盘	2	
接缝高低差	瓷砖饰面壁板	0.5	钢尺和塞尺检查
	瓷砖饰面防水盘	0.5	钢尺和塞尺检查
预留孔	中心线位置	3	尺量检查
	孔尺寸	±2	尺量检查

（2）构配件

1）浴缸：玻璃纤维增强塑料浴缸符合《玻璃纤维增强塑料浴缸》JC/T 779 的规定，FRP 浴缸、丙烯酸浴缸应符合《住宅浴缸和淋浴底盘用浇铸丙烯酸板材》JC/T 858 的规定，搪瓷浴缸符合《搪瓷浴缸》QB/T 3564 的规定。浴缸宜配有侧板，并可与整体卫浴间固定。

2）卫生洁具：洗面器、淋浴器、坐便器及低水箱等陶瓷制品应符合《卫生陶瓷》GB/T 6952的规定，也可采用玻璃纤维增强塑料或人造石制作，并应符合相应的标准，坐便洁身器应符合《坐便洁身器》JG/T 285的规定。

3）卫生洁具配件：包括浴盆水嘴、洗面器水嘴、低水配件及排水配件。浴盆水嘴应符合《浴盆及淋浴喷嘴》JC/T 760的规定，洗面器水嘴应符合《面盆水嘴》JC/T 758的规定，水箱配件应符合《卫生洁具铜排水配件通用技术条件》JC/T 761和《卫生洁具铜排水配件结构型式和连接尺寸》JC/T 762的规定，排水配件也可采用耐腐蚀的塑料制品、铝制品等，且应符合相应的标准。

4）管道、管件及接口：整体卫生间内用管道、管件应不易锈蚀，并应符合相应的标准；管道与管件接口应相互匹配，连接方式应安全可靠，并无渗漏；管道与管件应定位、定尺设计，施工误差精度为±5mm；预留安装坐便洁身器的给水接口、电话口应符合相关标准的要求；排水管道布置宜采用同层排水方式，并应为隐蔽工程。

5）电器：包括照明灯、换气扇、烘干器及门锁等配件应采用防水、不易生锈的材料，并应符合相应的标准或图样及技术文件的规定。

6）其他配件：包括毛巾架、浴帘杆、手纸盒、肥皂盒、镜子及门锁等配件应采用防水、不易生锈的材料，并应符合相应的标准或图样及技术文件的规定。

（3）构造

整体卫浴间应有顶板、壁板、防水盘和门；易锈金属不应外露在整体卫浴间内；与水直接接触的木器应作防水处理；整体卫浴间地面应安装地漏，并应防滑和便于清洗，地漏必须具备存水弯，水封深度不应小于50mm；构件、配件的结构应便于保养、检查、维修和更换；电器及线路不应漏电，电源插座宜设置独立回路，所有裸露的金属管线应以导体相互连接并留有对外连接的PE线的接线端子；无外窗的卫生间应有防回流构造的排气通风道，并预留安装排气机械的位置和条件；组成整体上卫浴间的主要构件、配件应符合有关标准、规范的规定。

（4）外观

玻璃纤维增强塑料制品表面应光洁平整，颜色均匀、无龟裂、无气泡且无玻璃纤维外露；玻璃纤维增强塑料颜色基本上色调为象牙白和灰白；金属配件外观应满足：表面加工良好，无裂纹、无伤痕、无气孔等，且表面光滑，无毛刺；镀层无剥落或颜色不均匀等现象；金属配件应作防锈处理。其他材料无明显缺陷和无毒无味。

（5）整体卫浴间性能指标如表5.1-2所示。

卫浴间性能指标表 表5.1-2

检测项目	部　位	性　能
通电	电气设备	工作正常、安全、无漏电
光照度（lx）	整体浴室内	＞70
	洗面盆上方处	＞150
耐湿热性	玻璃纤维增强塑料制品	表面无裂纹、无气泡、无剥落、无明显变色

续表

检测项目		部　位	性　能
电绝缘	绝缘电阻（MΩ）	带电部位与金属配件之间	>5
	耐电压	电器设备	施加 1500V 电压，1min 后无击穿和烧焦
强度	耐砂袋冲击	壁板、防水盘	无裂纹、剥落、破损
	挠度（mm）	顶板	<7
		壁板、防水盘	<7
		防水盘	<3
连接部位密封性		壁板与壁板、壁板与顶板、壁板与防水盘连接处	试验后无漏水和渗漏
配管检漏		给水管、排水管	无渗漏

2. 现场存放

现场临时堆放点应尽量安排集成式卫生间到场的批次、数量，与现场吊装就位的施工进度互相匹配，避免大批量成品的堆积。认真规划临时堆放点，堆放点位置应尽量布置在塔式起重机的吊装范围内，以避免场内二次运输作业。考虑到集成式卫生间的成品保护，临时存放应重点考虑如下几点：

（1）存放场地的吊装平台长、宽应充分考虑集成式卫生间的尺寸，且地面吊装平台前放置集装箱的场地进行地面平整、硬化，并有排水措施。

（2）预埋吊点应朝上，标识宜醒目且方便识别，部品之间应考虑转运及吊装操作所需空间。

（3）构件支垫应坚实，垫块在构件下的位置宜与脱模、吊装时的起吊位置一致。

（4）为避免卫生间的变形损坏，要求堆放地面平整不得有凹凸，并放置长条方木，一方面避免积水浸泡，另一方面也方便叉车叉取。

5.1.3　安装与连接（图 5.1-2）

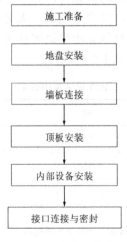

图 5.1-2　安装工艺流程

1. 施工准备

（1）施工测量

1）根据工程现场设置的测量控制网及高程控制网，利用经纬仪或全站仪定出建筑物的四条控制轴线，将轴线的相交点作为控制点（图 5.1-3）。

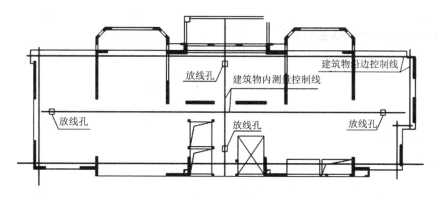

图 5.1-3　测量放线图

2）依据统一测定的装饰、装修阶段轴线控制线和建筑标高＋50cm线，引测至卫生间内，测定十字控制线并弹于地面和墙面上，按顶棚标高弹出吊顶完成面线和再上量200mm弹上设备管线安装最低控制线，以此作为控制机电各专业管线安装和甩口的基准。

（2）吊装器具

在部品生产过程中留置内吊装杆及吊点，现场采用专用吊钩与吊装绳连接，吊装部品用具及平层运输工具如图 5.1-4 所示，并对主要吊装用机械器具，检查确认其必要数量及安全性进行检查。

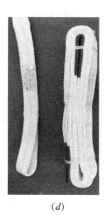

（a）　　　　　　（b）　　　　　　（c）　　　　　　（d）

图 5.1-4　吊装及转运部品（件）用具（一）
（a）吊装构件吊钩；（b）预埋吊杆；
（c）起重链条吊具；（d）扁平吊装带

图 5.1-4　吊装及转运部品（件）用具（二）

（e）吊装托盘；（f）液压平板车；（g）转盘设备移位器

（3）吊装准备

预制部品运抵施工现场后，即需进行吊装作业，由于起吊设备、安装与制作状态、作业环境不同，需要重新确定起吊点位置及选择起吊方式。

1）须将起吊点设置于部品重心部位，避免部品吊装过程中由于自身受力状态不平衡而导致旋转问题。

2）当部品生产状态与安装状态构件姿态一致时，尽可能将施工起吊点与部品生产脱模起吊点相统一。

3）当部品生产状态与安装姿态不一致时，尽可能将脱模用起吊点设置于安装后不影响观感部位，并加工成容易移除的方式，避免对部品观感造成影响。

4）考虑安装起吊时可能存在的部品由于吊装受力状态与安装受力状态不一致而导致不合理受力开裂损坏问题，设置吊装临时加固措施，避免由于吊装而造成损坏。应根据部品形状、尺寸及重量要求选择适宜的吊具，在吊装过程中，吊索水平夹角不宜小于 $60°$，不应小于 $45°$，保证吊车主钩位置、吊具及部品重心在竖直方向重合。

2. 基础验收

整体卫生间，外饰墙体为轻质隔墙，整体卫浴需在轻质隔墙墙板封板之前进行安装。整体浴室安装前应具备条件：

1）二次砌筑、轻钢龙骨轻质隔墙及地面找平、防水完毕。

2）墙体电气配管及电位甩点安装完毕，顶部线盒按整体卫浴型号要求安装完毕。

3）排风管、给水排水甩口完毕，甩口位置、高度、阀门安装部位按整体浴室型号要求安装完毕。

3. 基础找平

标高定位。根据标高图纸，在降板四角及中心放置灰饼作为 POD 标高控制，中心灰饼标高比四周灰饼标高低 $1/16″$（1.5mm），如图 5.1-5 所示。

4. 安装施工

整体浴室部件根据墙板材料及结构方式不同，安装略有区别。但基本流程可归结为底盘安装、墙板连接、顶板安装、内部设备安装等几个环节（图 5.1-6）：

1）排水管安装：安装下水口、坐桶排污管及给水系统管架，检查预留排水管的位置和标高是否准确；清理卫生间内排污管道杂物，进行试水确保排污排水通畅。

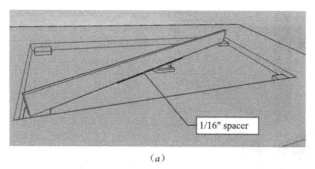

(a)

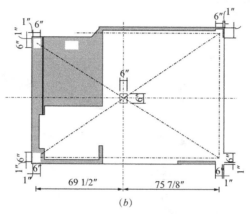

(b)

图 5.1-5　灰饼放置示意
(a) 调整示意；(b) 灰饼布置示意

2）地盘安装：采用同层排水方式，整体卫生间门洞应与其外围合墙体门洞平行对正，底盘边缘与对应卫生间墙体平行；采用异层排水方式，同时应保证地漏孔和排污孔、洗面台排污孔与楼面预留孔一一对正；用专用扳手调节地脚螺栓，调整底盘的高度及水平；保证底盘完全落实，无异响现象。

3）墙板安装：按安装壁板背后编号依次用连接件和镀锌栓进行连接固定，注意保护墙板表面；在底盘边缘上立 4 块墙板，将接缝处卡子打紧，并在各接缝处用密封胶嵌实；壁板拼接面应平整，缝隙为自然缝，壁板与底盘结合处缝隙均匀，误差不大于 2mm；壁板安装应保证壁板转角处缝隙、排水盘角中心点两边空隙均等，以利于压条的安装。

4）顶板及其余零件的安装：安装顶板前，应将顶板上端的灰尘、杂物清除干净；采用内装法安装顶板时，应通过顶板检修口进行安装；顶板与顶板、顶板与壁板间安装应平整，缝隙要小而均匀；最后把顶板缝用塑料条封好，随后安装门口、门窗，用螺栓紧固。

5）按图纸设计要求摆放卫生设备。给水管安装：沿壁板外侧固定给水管时，应安装管卡固定；应按整体卫生间各给水管接头位置预先在壁板上开好管道接头的安装孔；使用热熔管时，应保证所熔接的两个管材或配管对准。电气设备安装：将卫生间预留的每组电源进线分别通过开关控制，接入接线端子对应位置；不同用电装置的电源线应分别穿入走线槽或电线管内，并固定在顶板上端，其分布应有利于检修；各用电装置的开关应单独控制。

图 5.1-6　拼接式卫生间安装

(*a*) 摆放 SMC 地板，安装脚架；(*b*) 底座与 SMC 地板连接；(*c*) 墙板的安装；

(*d*) 墙板的调整；(*e*) 顶棚的安装（预留检修口）；(*f*) 零部件的安装与密封

5. 接口连接

（1）各种卫生器具石面、墙面、地面等接触部位使用硅酮胶或防水密封条密封。

（2）底盘、龙骨、壁板、门窗的安装均使用螺栓连接，顶盖与壁板使用连接件连接。

（3）底盘底部地漏管与排污管使用胶水连接，在底盘面上完成地漏和排污管法兰安装。

（4）定制的洁具、电气与五金件等采用螺栓与底盘、壁板连接。给水排水管与预留管道连接，使用专用接头，胶水粘结。

（5）台下盆须提前安装在人造石台面预留洞口位置，采用云石胶粘接牢固，接缝打防霉密封胶，水槽与台面连接方式如图 5.1-7 所示。

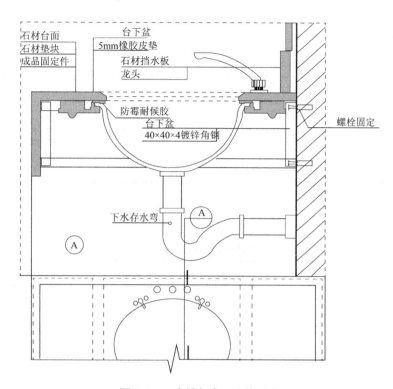

图 5.1-7　水槽与台面连接示意

6. 接缝处理

（1）完成集成式卫生间与建筑结构主体风、水、电系统管线的接驳后，经验收合格方对整体式卫生间底板与降板槽缝隙进行灌浆。

（2）所有板、壁接缝处打密封胶。

（3）螺栓连接处使用专用螺母覆盖，外圈打密封胶。

（4）底板与墙板、墙板与墙板之间及顶板之间均用特制钢卡子连接。

5.1.4　质量检验、验收及成品保护

1. 质量检验

（1）整体式卫生间安装质量检验

整体厨房安装就位完成后及时对水平定位及标高进行测量：POD 安装水平定位尺寸不得超过 8mm；标高允许偏差控制在 4mm；垂直度允许偏差为 5mm；安装完成后与墙板接缝宽度、中心线位置允许偏差±5mm，整体卫生间安装的允许偏差和检验方法应符合表 5.1-3 的规定。

整体卫生间安装的允许偏差和检验方法　　　　表 5.1-3

项　目	允许偏差（mm）			检验方法
	防水盘	壁板	顶板	
阴阳角方正	—	2	—	用 200mm 直角检测尺检查
立面垂直度	—	2	—	用 2m 垂直检测尺检查
表面平整度	—	2	3	用 2m 靠尺和塞尺检查
缝格、凹槽顺直	1	1	1	拉通线，用钢直尺检查
接缝直线度	1	1	1	拉通线，用钢直尺检查
接缝高低差	0.5	0.5	1	用钢直尺和塞尺检查
接缝宽度	0.5	0.5	0.5	用钢直尺检查

注：仅瓷砖饰面的防水盘需进行检查。

（2）拼接式卫生间安装质量检验

部件质量检验要求表　　　　表 5.1-4

部品	内　容	质量要求与标准
底盘	干、湿区地漏、面盆排水管	去孔周边毛刺，清理灰尘，拧紧，排水管 PVC 胶涂抹均匀饱满
	底盘调整水平	安装水平稳固，无空响、损伤、积水，平板底盘排水坡度为 10%
墙板	墙板与墙板加强筋	表面平整，上下平齐，墙板拼接缝隙≤1mm，安装螺钉间距为 250~300mm
	冷、热给水管，管夹	管夹间距为 500mm，水管上热下冷，横平竖直
	墙板、冷热给水管	墙板连接件插入到位，阴、阳角为 90° 组装缝隙≤1mm，表面平整、垂直
	门上加高墙板	墙板表面与门框内表面平齐，墙板两端头与门框竖边平齐，平整度≤1mm
	平开门	门框水平垂直，垂直度误差≤1mm，门开关无异响，门叶四周间隙均匀
	墙板固定夹	固定夹间距为 600mm，每边单块墙板要求安装 2 个，墙板与底盘挡水边沿平齐稳固
顶棚	测量出顶棚内空尺寸与底盘内空尺寸一致	内空尺寸与底盘内空尺寸一致，误差≤1mm
	顶棚	表面平整垂直，拼接缝隙小，平整度误差≤1mm

部品	内 容	质量要求与标准
踢脚线	从阳角处依次踢脚线	阴、阳角为90°，拼接缝隙<1mm
附件	洗面台/洗面盆与洗面盆水嘴	台面水平，稳固，水平误差≤1mm，水嘴按左热右冷控制，表面无损失
下水管	PVC管	横向支管排污管坡度为2%
试水试电	排水系统	用看与触摸的方式检查浴室内、外各排水接点无渗漏
	通电实验	各用电气灯具、插座、排气扇等通电、开关正常

2. 成品保护

金属面板应使用软布以中性清洁剂进行清洁，再用较干的抹布以清水抹净；灌水试验完成后，清理作业垃圾，用塑料保护膜覆盖整体卫生间，并对安装成品应采用包裹、覆盖、贴膜等可靠措施进行封存保护。

3. 质量验收

（1）一般要求

1）整体卫生间施工质量验收尚应符合现行国家标准《建筑工程施工质量验收统一标准》GB 50300、《建筑地面工程施工质量验收规范》GB 50209、《建筑装饰装修工程质量验收规范》GB 50210、《建筑给水排水及采暖工程施工质量验收规范》GB 50242、《通风与空调工程施工质量验收规范》GB 50243、《建筑电气工程施工质量验收规范》GB 50303、《住宅装饰装修工程施工规范》GB 50327 等相关标准的规定。

2）整体卫生间验收时应检查下列文件和记录：整体卫生间的施工图、设计说明及其他设计文件；材料的产品合格证书、性能检验报告、进场验收记录；隐蔽工程验收记录，应附影像记录，并应按规定格式填写施工记录。

3）整体卫生间应对下列隐蔽工程项目进行验收：顶板之上、壁板之后的管线、设备的安装及水管试压、风管严密性检验；排水管的连接；壁板与整体卫生间外围合墙体之间填充材料的设置。

（2）主控项目

1）整体卫生间内部尺寸、功能应符合设计要求。

检验方法：观察；尺量检查；检查自检记录。

2）整体卫生间面层材料的材质、品种、规格、图案、颜色和功能应符合设计要求。整体卫生间及其配件性能应符合现行行业标准《住宅整体卫浴间》JG/T 183 的规定。

检验方法：观察；检查产品合格证书、性能检验报告、进场验收记录。

3）整体卫生间的防水底盘、壁板和顶板的安装应牢固。

检验方法：观察；手扳检查；检查隐蔽工程验收记录、施工记录及影像记录。

4）整体卫生间所用金属型材、支撑构件应经过表面防腐处理。

检验方法：观察；检查产品合格证书。

（3）基本项目

1）整体卫生间防水盘、壁板和顶板的面层材料表面应洁净、色泽一致，不得有翘曲、裂缝及缺损。压条应平直、宽窄一致。

检验方法：观察；尺量检查。

2）整体卫生间内的灯具、风口、检修口等设备设施的位置应合理，与面板的交接应吻合、严密。

检验方法：观察。

3）整体卫生间壁板与外围墙体之间填充吸声材料的品种和铺设厚度应符合设计要求，并应有防散落措施。

检验方法：检查隐蔽工程验收记录、施工记录及影像记录。

5.2　集成式厨房施工

集成式厨房从设计环节的模块化和集成化，生产环节的整体化和建筑安装环节的标准化方面对厨房的功能分区、管线协调以及整体装配工艺作出了根本性改变。装配式整体厨房与建筑主体结构、各类设施设备管线等的设计、施工同步考虑实施，能够实现标准化、工业化、配套化的装配式安装，是装配式内装体系中较为重要的一环，而住宅装配式内装相关的设计、建造技术也是推动我国住宅产业现代发展重要手段和抓手。

5.2.1　集成式厨房简介

集成式整体厨房是由工厂生产的楼地面、顶棚、墙面、橱柜、厨房设备及管线等集成并主要采用干式工法装配完成的厨房。整体厨房是将厨房部品（设备、电器等）按人们所期望的功能以橱柜为载体，将燃气具、电器、用品、柜内配件依据相关标准，科学合理的集成一体，形成空间布局最优、劳动强度最小并逐步实现操作智能化和实用化的集成化厨房（图5.2-1）。它是以住宅部品集成化的思想与技术为原则来制定住宅厨房设计、生产与安装配套，使住宅部品从简单的分项组合上升到模块化集成，最终实现住宅厨房的商品化供应和专业化组装服务。

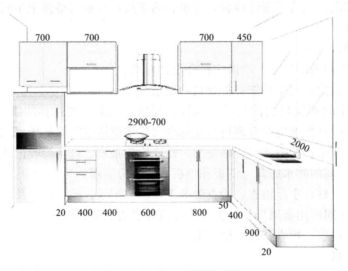

图5.2-1　集成式厨房示意

厨房部品集成的前提是住宅的各部件尺寸协调统一，即遵循统一的模数制原则，模数是装配式整体厨房标准化、产业化的基础，是厨房与建筑一体化的核心。模数协调的目的是使建筑空间与整体厨房的装配相吻合，使橱柜单元及电器单元具有配套性、通用性、互换性，是橱柜单元及电器单元装入、重组、更换的最基本保证。因此，建筑空间要满足橱柜模数尺寸系列表和橱柜安装环境的要求，橱柜、电器、机具及相关设施要满足产品模数。

5.2.2 部品进场检验及存放

1. 部品进场检验

进入现场的部品应具有出厂合格证及相关质量证明文件，产品质量应符合设计及相关技术标准要求。集成式厨房的外观质量不应有严重缺陷，且不宜有一般缺陷。对已出现的一般缺陷，应按技术方案进行处理，并应重新检查，主要检查项目如下：

（1）材料

1）柜体使用的人造板材料应符合相应标准的规定；台面板可选用人造板、天然石、人造石等材料制作，人造石应符合《人造石》JC/T 908 的规定。

2）产品使用的木质材料，应符合《木家具通用技术条件》GB/T 3324 中 5.3 的规定。

3）产品使用的各种覆面材料、五金件、管线、橱柜专用配件等均应符合相关标准或图样及技术文件的要求。

（2）外观

1）人造板台面和柜体表面应光滑，光泽良好，无凹陷、鼓泡、压痕、麻点、裂痕、划伤和磕碰伤等缺陷，同一色号的不同柜体的颜色应无明显差异。

2）石材台面不得有隐伤、风化等缺陷，表面应平整，棱角应倒圆，磨光面不应有划痕，不用带有直径超过 2mm 的砂眼。

3）玻璃门板、隔板不应有裂纹、缺陷、气泡、划伤、砂粒、疙瘩和麻点等缺陷，无框玻璃门周边应磨边处理，玻璃厚度不应小于 5mm，且厚薄应均匀，玻璃与柜的连接应牢固。

4）电镀件镀层应均匀，不应有麻点、脱皮、白雾、泛黄、黑斑、烧焦、露底、龟裂、锈蚀等缺陷，外表面应光泽均匀，抛光面应圆滑，不应有毛刺、划痕和磕碰伤等。

5）焊接部位应牢固，焊缝均匀，结合部位无飞溅和未焊透、裂纹等缺陷。转篮、拉篮等产品表面应平整，无焊接变形，钢丝间隔均匀，端部等高，无毛刺和锐棱。

6）喷涂件的表面组织细密，涂层牢固、光滑均匀，色泽一致。不应有流痕、露底、皱纹和脱落等缺陷。

7）金属合金件应光滑、平整、细密，不应有裂纹、起皮、腐蚀斑点、氧化膜脱落、毛刺、黑色斑点和着色不均等缺陷。装饰面上不应有气泡、压坑、碰伤和划伤等缺陷。

8）塑料产品表面应光滑、细密、平整，无气泡、裂痕、斑痕、划痕、凹陷、缩孔、堆色和色泽不均、分界变色线缺陷，颜色均匀一致并符合相关图样的规定。

（3）尺寸公差

1）柜体的宽度、深度、高度的极限偏差为 ±1mm，台面板两对角线长度之差不超过 3mm。

2) 柜体板件按图样规定尺寸进行加工，未注公差的极限偏差按《一般公差　未注公差的线性和角度尺寸的公差》GB/T 1804 的 m 级执行。

（4）形状和位置公差（表 5.2-1）

柜体板件的形状和位置公差（mm）　　　　　　　表 5.2-1

序号	项　目			技术要求
1	正视面板件翘曲度	对角线长度≥1400		≤3.0
		700≤对角线长度＜1400		≤2.0
		对角线长度		≤1.0
2	底角着地平稳性			≤0.5
3	平整度	面板、正视面板件 0～150mm 范围内局部平整程度		≤0.2
4	临边垂直度	门板及其他板件		≤2.0
		台面板		≤3.0
		框架	对角线长度≥1000	≤3.0
			对角线长度＜1000	≤2.0
5	位差度	门与框架、门与门相邻表面间的距离偏差（非设计要求的距离）		≤2.0
		抽屉与框架、抽屉与门、抽屉与抽屉相邻的表面间的距离（非设计要求的距离）		≤1.0
6	分缝	嵌装式开门	上、左、右分缝	≤1.5
			中、下分缝	≤2.0
		盖装式开门	门背面与框架平面的间隙	≤3.0
		嵌装式抽屉	上、左、右分缝	≤2.5
		盖装式抽屉	抽屉背面与框架平面的间隙	
7	抽屉下垂直度、摆动度			≤10

（5）燃烧性能

人造板台面的燃烧性能等级不应低于《建筑材料及制品燃烧性能分级》GB 8624 中的 B 级，其他部位用板材的燃烧性能等级不应低于《建筑材料及制品燃烧性能分级》GB 8624 中的 C 级。

（6）理化性能

1）人造板理化性能

人造板台面和柜体板理化性能见表 5.2-2。

2）人造石台面理化性能

人造石台面理化性能要求见表 5.2-3。

人造板台面和柜体板理化性能 　　　　表 5.2-2

序号	项　目	试验条件	技术要求	
			台面板	柜体板
1	表面耐高温	(120±3)℃，2h	试件表面无裂纹	—
2	表面耐水蒸气	水蒸气 (60±5) min	试件表面无突起、龟裂、变色等	
3	表面耐干热	(180±1)℃，20min	试件表面	
4	表面耐冷热温差	(80±2)℃，2h (−20±3)℃，2h	表面无裂纹、鼓泡和明显失光，四周期	
5	表面耐划痕	1.5N，划一圈	试件表面无整圈连续划痕	—
6	表面耐龟裂	70℃，24h	用 6 倍放大镜观察，表面无裂痕	用 6 倍放大镜观察，表面允许有细微裂痕
7	表面耐污染	少许酱油，24h	试件表面无污染或腐蚀痕迹	
8	表面耐液	10%碳酸钠溶液，24h； 30%乙酸溶液，24h	无印痕	表面轻微的变泽印痕
9	表面耐磨性	漆膜磨耗仪，2000 转	未露白	局部有明显露白（100 转）
10	表面抗冲击	漆膜冲击器，200mm	表面无裂痕，但可见冲击痕迹	允许有轻微裂纹，有 1～2 圈环裂或弧裂（100mm）
11	表面耐老化	老化试验仪，光泽仪	表面无开裂，失光<10%	
12	吸水厚度膨胀率	50mm×50mm，浸泡 24h	<12%	浸泡 2h，<8%

人造石台面理化性能 　　　　表 5.2-3

序号	项　目	性能要求	序号	项　目	性能要求
1	光泽度	≥80 光泽单位	5	吸水率	≤0.5%
2	平整度	≤4‰	6	胶衣层厚度	0.35～0.60mm
3	巴氏硬度	≥40	7	耐热水性	无裂纹不起泡
4	耐冲击性	表面不产生裂纹	8	耐污染性	无明显色变

（7）力学性能

1）台面板力学性能见表 5.2-4。

台面板力学性能　　　　　　　　　　　　表 5.2-4

序号	项　目	试验条件	技术要求
1	垂直静荷载	加 750N，压 10s，10 次	台面无损伤，无影响使用功能的磨损或变形、无断裂或豁裂，连接件未出现松动
2	处置冲击	质量为 28.1g 铜球在 450mm 高度落下，3 处	
3	持续垂直静荷载	加载 200kg/m²，7d	
4	耐久性	150N，30000 次	

2）地柜柜体力学性能见表 5.2-5。

地柜柜体力学性能　　　　　　　　　　　　表 5.2-5

序号	项　目	试验条件	技术要求
1	搁板弯曲	加载 200kg/m²，7d	无断裂或豁裂，不出现永久变形
2	搁板倾翻	100N	不倾翻
3	搁板支撑件强度	1.7kg 钢板冲击能 1.66Nm，10 次	搁板销孔未出现磨损或变形，支撑件位移≤3mm
4	柜门安装强度	离门沿 100mm 处挂 25kg 砝码，反复开启 10 次	各部无异常，外观及功能无影响
5	柜门水平荷载	门端 100mm 处，水平加 60N 力，10s，0 次	各部无异常，外观及功能无影响
6	底板强度	用 750N 力，压 10s，10 次	底部未出现严重影响使用功能的磨损或变形
7	柜门耐久性	1.5kg 反复开闭 40000 次	门与橱柜仍紧密相连，门与五金件均无破损，并未出现松动，铰链功能正常，门开关灵活，无阻滞现象
8	拉门强度	35kg，10 次	
9	拉门猛开	2kg，10 次	
10	翻门强度	300N，10 次	
11	翻门耐久性	20000 次	
12	抽屉和滑轨耐久性	加 33kg/m² 荷载，开闭 40000 次	滑轨未出现永久松动，抽屉及拉篮活动灵便、无异常噪声
13	抽屉快速开闭	以 1.0m/s 施加 50N 力，10 次	
14	抽屉级滑轨强度	抽屉底部均匀施加 25kg/m² 的荷载前端加 250N 力，10s，10 次	
15	主体结构和底架强度	侧面施 300N 力，（4 处），高≤1.6m，10s，10 次	未出现松动，位移小于 10mm

3）吊码、吊柜力学性能见表 5.2-6。

吊码、吊柜力学性能   表 5.2-6

序号	项　目	试验条件	技术要求
1	吊码强度	加载 100kg，7d	吊码无变形，开裂，断裂现象
2	吊码搁板超载	底板加 200kg/m²，搁板加 100kg/m²	搁板及支撑件无破坏，卸载后变形量≤3mm
3	吊柜跌落	柜体关闭从 600mm 高度跌落	吊柜无结构损坏，无任何松动
4	吊柜主体结构强度	450N，10 次	位移≤10mm
5	吊柜水平冲击	150N 力冲击门中缝处，10 次	吊柜无损坏和破坏
6	吊柜垂直冲击	150N 力冲击底板中心处，10 次	

（8）排水组件

1）地柜内排水管经老化性能试验后无裂纹，无渗漏水现象。

2）排水管和洗涤池、管件等连接部位应严密，无渗漏水。

（9）木工要求

1）各类橱柜部件表面应进行贴面和封边处理，并应严密平整，不应有脱胶、留有胶迹和鼓泡等缺陷。覆面材料的剥离强度不应小于 $1.4 \times 10^3 N/m$。

2）榫及零部件结合应牢固、严密、外表结合处缝隙不应大于 0.2mm。

3）柜类表面不允许有凹陷、压痕、划伤、裂痕、崩角和刃口，外表面的倒棱、圆角、圆线应均匀一致。

4）抽屉的滑轨应牢固，零部件的配合不得松动。

5）各种配件、连接件安装应严密、平整端正、牢固，结合处无崩茬或松动，不得缺件、漏钉、透钉；启闭部件，如门、抽屉、转篮等零配件应启闭灵活。

6）操作台上后挡水与台面的结合应牢固、紧密。

7）踢脚板应坚固，且调整灵活。

（10）五金件的性能

1）铰链的性能应符合下列要求：打开角度不应小于 90°，开闭时不应有卡死或出现摩擦声；前后、左右、上下可调范围不应超过 2mm；耐腐蚀等级不应低于《轻工产品金属镀层腐蚀试验结果的评价》QB/T 3832—1999 中的 9 级。

2）滑轨的性能应符合下列要求：滑轨各连接件应连接牢固，在定额承重条件下，无明显摩擦声和卡滞现象，滑轨滑动顺畅；镀锌、烤漆处理的滑轨应分别符合《金属及其他无机覆盖层　钢铁上经过处理的锌电镀层》GB/T 9799 和《家具五金　抽屉导轨》QB/T 2454 的要求；喷塑处理的滑轨，喷塑层厚度不应小于 0.1mm。

3）拉手：拉手的喷雾试验保护等级不应低于《厨房家具》QB/T 2531—2010 中的 7 级。

4）调整脚的性能应符合下列要求：调整脚螺纹表面不应有凹痕、断牙等缺陷；塑料表面不应有溢料、缩痕、焊接痕等缺陷；每个调整脚应能承受不小于 1000N 荷载的能力。

5）水嘴性能应符合《陶瓷片密封水嘴》GB/T 18145 的要求。

（11）洗涤池

1）洗涤池的外观质量应符合表 5.2-7 的规定。

洗涤池的外观质量　　　　　　　　　　　表 5.2-7

序号	项　目	技术要求
1	皱折	不允许
2	划伤	正面不允许有宽 0.05mm 以上的划伤
3	凹坑	正面不允许
4	瘪	不允许
5	抛光表面	均匀、光亮、光泽应一致，无擦痕，Ra0.4μm
6	亚光表面	均匀、光亮、光泽应一致，无电击痕，Ra1.6μm
7	焊接处磨光抛光	磨光平直，宽度公差±1mm，抛光光亮，Ra1.6μm
8	标准	清洗、完整

2）不锈钢洗涤池的不锈钢板应符合《不锈钢冷轧钢板和钢带》GB/T 3280—2015 中奥氏体和铁素体型不锈钢的规定。

3）面板与洗涤池连接应端正、牢固、抛光后表面纹理应均匀一致，不应有明显的划痕、锤印及烧痕等。

4）洗涤池切边后修边应光滑，不允许有尖角和毛刺。

5）排水机构应能在 2min 内将 20L 水排除干净。

6）洗涤池底部应能承受 100kg 的荷载，其变形量不应大于 3mm。

7）洗涤池应做防水滴试验，以防结露。

（12）安全与环保要求

1）厨房应设可开启外窗。

2）所有抽屉及拉篮，应有保证抽屉和拉篮不被拉出抽屉的设施。

3）橱柜洗涤台的给水、排水系统在使用压力条件下应无渗漏。

4）金属件在接触人体或储藏部位应进行砂光处理，不得有毛刺和锐棱。

5）厨房设备（如灶具、洗碗机、冰箱、微波炉、吸油烟机等）应符合《家用和类似用途电器的安全　第 1 部分：通用要求》GB 4706.1 及相应的标准的要求。

6）厨房电源插座位置及数量等均应符合有关规定。

7）在安装电源插座及接线时，应对接近水、火的管线加保护层，以确保安全。

8）管线区中暗设的燃气管线，应符合《城镇燃气设计规范》GB 50028—2006 中 10.2 的要求；燃气表的安装应符合《城镇燃气设计规范》GB 50028—2006 中 10.3 的要求。

9）人造板材和实木板材上所用涂料中非活性挥发性有机化合物（VOC）含量不应大于 150g/L；人造板游离甲醛释放量应符合《室内装饰装修材料　人造板及其制品中甲醛释放限量》GB 18580 的规定。

10）天然石、人造石台面的放射性核素限量应符合《建筑材料放射性核素限量》GB 6566 中 I 类民用建筑的规定。

（13）人造板台面和柜体表面应光滑，光泽良好，无凹陷、鼓泡、压痕、麻点、裂痕、划伤和磕碰伤等缺陷，同一色号的不同柜体的颜色应无明显差异。

（14）大理石台面不得有隐伤、风化等缺陷，表面应平整、无棱角，磨光面不应有划痕，不应有直径大于 2mm 的砂眼。

（15）玻璃门板、隔板不应有裂纹、缺损、气泡、划伤、砂粒、疙瘩和麻点等缺陷。无框玻璃门周边应磨边处理，玻璃厚度不应小于 5mm，且厚薄应均匀，玻璃与柜的链接应牢固。

（16）电镀件镀层应均匀，不应有麻点、脱皮、白雾、泛黄、黑斑、烧焦、露底、龟裂、锈蚀等缺陷，外表面应光泽均匀，抛光面应圆滑，不应有毛刺、划痕和磕碰伤等。

（17）焊接部位应牢固，焊缝均匀，结合部位无飞溅和未焊透、裂纹等缺陷。转篮、拉篮等产品表面应平整，无焊接变形，钢丝间隔均匀，端部等高，无毛刺和锐棱。

（18）喷涂件的表面组织细密，涂层牢固、光滑均匀，色泽一致。不应有流痕、露底、皱纹和脱落等缺陷。

（19）金属合金件应光滑、平整、细密，不应有裂纹、起皮、腐蚀斑点、氧化膜脱落、毛刺、黑色斑点和着色不均等缺陷。装饰面上不应有气泡、压坑、碰伤和划伤等缺陷。

（20）塑料件产品表面应光滑、细密、平整，无气泡、裂痕、斑痕、划痕、凹陷、缩孔、堆色和色泽不均、分界变色线等缺陷，颜色均匀一致并符合图样的规定。

（21）柜体外形宽、深、高的极限偏差应在 ±1mm 内，台面板两对角线长度之差不得超过 3mm。

（22）铰链的性能应符合下列规定：打开角度不应小于 95°，开闭时不应有卡死或出现摩擦声；前后、左右、上下可调范围不应超过 2mm。

（23）滑轨的性能应符合下列规定：滑轨各连接件应连接牢固，在满额承重条件下，无明显摩擦声和卡滞现象，滑轨滑动顺畅；镀锌、烤漆处理的滑轨应分别符合现行国家标准《金属及其他无机覆盖层 钢铁上经过处理的锌电镀层》GB/T 9799 的规定；喷塑处理的滑轨，喷塑层厚度不应小于 0.1mm。

（24）拉手的性能应符合下列规定：安装孔距宜为 32mm 的整数倍；盐浴和酸浴试验后，直径小于 1.5mm 的斑点数不应大于 8 个。

（25）水嘴性能应符合现行国家标准《陶瓷片密封水嘴》GB/T 18145 的规定。

2. 现场存放

进场的橱柜收纳产品必须存放在指定的仓库内，仓库应保持干燥、通风、远离火源；认真规划临时堆放点，堆放点位置应尽量布置在塔式起重机的吊装范围内，以避免场内二次运输作业。考虑到集成式厨房的现场保护，部品堆放应符合下列规定：

（1）堆放场地应平整、坚实，并应有排水措施。

（2）预埋吊件应朝上，标识宜朝向堆垛间的通道，堆码高度不超过 1.5m，以防止压损。

（3）部品支垫应坚实，垫块在部品下的位置宜与脱模、吊装时的起吊位置一致。

（4）重叠堆放部品时，层间垫块应上下对齐，堆垛层数应根据部品、垫块的承载力确定，并根据需要采取防止堆垛倾覆措施；堆放部品时，应根据部品的起拱值的大小和堆放时间采取相应措施。

5.2.3 安装与连接（图 5.2-2）

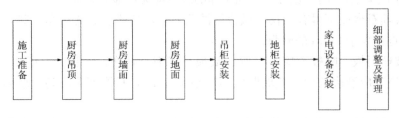

图 5.2-2 安装工艺流程图

1. 施工准备

每块卫生间部品水平位置控制线以及安装检测控制线与集成式卫生间施工测量相同；吊装器具和吊装准备工作与集成式卫生间安装相类似。

2. 基础验收

（1）拼接式厨房

1）厨房尺寸满足图纸设计要求。墙面垂直度、平整度偏差：0～3mm，2m靠尺检查；阴阳角方正度：0～4mm；角尺检查柜体嵌入尺寸（宽、高、深度）偏差：0～5mm，卷尺测量不同位置对比；与设计值的允许偏差±10mm。

2）施工墙面、地面上的障碍物清理完毕。

3）施工单位须到现场复核全部橱柜安装位置的毛坯尺寸和精度、水电气接驳条件。墙体电气配管及电位甩点安装完毕，顶部线盒按整体厨房型号要求安装完毕。

4）烟道口预留孔、给排水甩口完毕，甩口位置、高度、燃气管道安装位置按整体厨房型号要求安装完毕。

（2）集成式设计厨房

1）轻质隔墙及地面找平施工完毕，并验收完成。

2）厨房的顶面、墙面材料宜防火、抗热、易于清洗。

3）厨房给水、排水、燃气等各类管线应合理定尺定位预埋完成，管线与产品接口设置互相匹配，并应满足整体厨房使用功能要求。

3. 基础找平

（1）在厨房基层清理完成后，利用水准仪、塔尺等仪器，集合建筑结构标高控制网和控制点对厨房部品安装位置进行测设，配合激光扫平仪，标定部品安装标高控制线。

（2）针对整体安装式厨房，地面进行找平操作：在安装点用混凝土设 4 个方形混凝土墩，每个混凝土墩上表面需用水平尺找平，确保安装后满足设计要求。

4. 安装与定位

（1）整体式吊装

整体厨房吊装施工方式与整体卫生间吊装施工相似，其控制要点在于集成部品与建筑结构之间的连接点，住宅部品间、部品与半部品间的接口依界面主要有三种类型：

1）固定装配式：如住宅室内的围护部分、有特定技术要求的部位，保温墙、隔音墙等，采用专用胶粘剂安装固定连接方式。

2）可拆装式，如划分室内空间的隔墙，可采用搭挂式金属连接，接缝用密封胶密封连接，表面不留痕迹，以便后期变更或更换表面装修材质。

3）活动式装配，内部装修部品也可与结构部品"活动式"装配。

（2）拼接式厨房

1）厨房顶棚：有顶棚的厨房选择整体顶棚、集成顶棚，材料应防火、抗热、易清洗；无顶棚的厨房宜采用防水涂料作装饰喷涂。

2）厨房墙面：厨房非承重围护隔墙选用工业化生产的成品隔板，现场组装；厨房成品隔断墙板应有足够的承载力，满足厨房设备固定的荷载需求。

3）厨房地面选择防滑、吸水率低、耐污染、易清洁的瓷砖、石材或复合材料。

4）吊柜安装：按设计高度或根据现场实际测量情况画线，先在墙上开洞安装两个挂片，提高柜子在墙壁上的安全性，避免放置柜子发生倾斜；挂片固定好之后将吊柜挂上，对其进行水平调整，以确保柜体间对称，如图 5.2-3 所示。

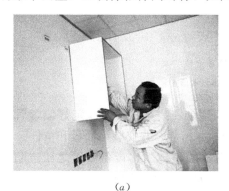 

（a） （b）

图 5.2-3　吊柜安装

（a）挂片固定吊柜；（b）现场拼装

5）地柜安装：地柜安装要求高于吊柜，要注意配合导轨、拉篮等的安装，对尺寸精度要求严格。将柜体倒放在打开的包装膜上，把调节脚安装到柜体底板上的调节脚底座上，用直尺作参照并调节地脚高度一致，然后将已装好调节脚的地柜按设计图纸所示摆放；按照图纸和安装顺序摆置，用水平尺测量其上平面是否水平，若不水平必须重新调整地脚，通过调节地脚，用水平尺检测整组柜体的水平与垂直程度，确保整组柜体水平和垂直。安装时注意每个柜子底板与地面的距离，以保证不会影响踢脚板的安装。橱柜地柜接水铝箔采用 0.35mm 厚整体压型铝箔板，左、右、靠墙卷边 10mm 折弯，靠外侧向下卷边包住连接板。铝箔板卷边的两个阴角接缝，现场采用中性防霉硅酮密封胶打胶密封。安装如图 5.2-4 所示。

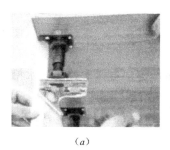  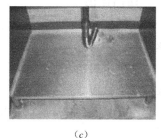

（a） （b） （c）

图 5.2-4　地柜安装

（a）地柜支脚安装；（b）调整地柜支脚水平；（c）地柜接水铝箔

6）台面安装：安装位置调整水平后打磨台面，清扫台面废料，后安装灶具、水槽及龙头的洞口，如图 5.2-5 所示。

灶具安装

水槽安装

（a）　　　　　　　　　　　　　　　（b）

图 5.2-5　灶具及水槽安装

（a）灶具安装；（b）水槽安装

7）柜门、抽屉安装：将现场装配好的柜门逐个安装至柜体，规定好位置后再调整铰链，以保证启用时的舒适度；对工厂加工好的抽屉组装，并安装饰面板和拉杆。

8）柜体门板调节：调整后柜体要放正，与搁板整体厨房设备安置之四边贴合；封边严密、不漏胶；门开合时铰链灵活有弹性、门缝大小一致，平整。

9）嵌入式电冰箱安装：嵌入式电冰箱的散热装置一般是在上方或下方，安装时，要预留上方或下方的散热空间，外观可做装饰用的通风棚板。冰箱后面也应留有适当空间，避免直接与壁面贴合，至少预留不低于 5cm 的散热空间。

10）嵌入式微波炉：嵌入式微波炉要注意在橱柜的背板部分设计出热气发散的通道。门的位置一定要安排在电器的一侧，设在后面会因深度不够而导致电器不能安全到位，方便以后维修更换。

11）细部调整：部件安装完毕，为了保证安装的最佳效果，对产品的门板、柜体、及其工作的细节进行调整，调整的结果符合产品安装质量标准。柜体和门板的调整，橱柜安装位置符合图纸要求，柜体摆放协调一致，地柜及吊柜应保持水平。对整套橱柜的门板和抽屉进行全面调节，使门板和屉面的上下、前后、左右分缝均匀一致，符合客户要求。调整完毕，将柜体的五金配件安装到位；相关电器产品也根据要求安装到位。

5. **接口连接**

（1）吊柜的连接方式：木销连接、二合一连接件连接和螺钉连接，连接螺栓宜使用膨胀螺栓。

（2）排水机构（落水滤器、溢水嘴、排水管、管路连接件等）各接头连接、水槽及排水接口的连接应严密，软管连接部位用卡箍紧固，如图 5.2-6 所示。

（3）燃气器具的进气接头与燃气管道接口之间的软管连接部位用卡箍紧固，不得漏气。

（4）暗设的燃气水平管，可设在吊顶内或管沟中，采用无缝钢管焊接连接。

（5）水槽应配置落水滤器和水封装置，与排水主管道相连时，采用硬管连接。

图 5.2-6 排水接口方式

（6）预埋塑料涨栓（图 5.2-7）：柜体及门板用于固定五金配件处的全部螺丝孔必须在工厂预埋塑料涨栓，严禁螺丝直接固定在板材上，以保证安装牢固、可重复拆卸；侧板上用于活动承上下调节的孔位需配孔位盖；门板背面用于固定拉手螺丝孔处需配孔位盖。

（a）

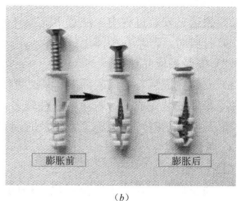

膨胀前　膨胀后

（b）

图 5.2-7 预埋塑料涨栓
（a）板材加固；（b）涨栓示意

6. 接缝处理

（1）安装完毕后，部件与墙体接触部位、水槽所有连接部位打硅胶处理。

（2）挡水与墙面留有 5mm 内伸缩缝，打密封胶密封，灶具边与台面基础部位作隔热处理。

（3）橱柜的收口、封管的收口、橱柜台面与厨房窗台的收口、上下柜与墙面的收口、踢脚板压顶线与地面和吊顶的收口，用勾填硅胶处理，收口应平滑。

5.2.4 质量检验、验收及成品保护

1. 质量检验

（1）产品检验项目

1）出厂检验项目包括：人造板、贴面板、封边带、石材台面、五金件等材料的合格

证件；外观；尺寸公差；形状和位置公差；排水机构泄漏试验；木工要求。

2）型式检验包括规范要求中的所有项目。

（2）安装尺寸公差规定

1）不锈钢及人造贴面板台面及前角拼缝应小于等于 0.5mm，人造石台面应无拼缝。

2）吊柜与地柜的相对应侧面直线度允许误差小于等于 2.0mm。

3）在墙面平直条件下，后挡水与墙面之间距离应小于等于 2.0mm。

4）橱柜左右两侧面与墙面之间应小于等于 2.0mm。

5）地柜台面距地面高度公差值为 ±10mm。

6）嵌式灶具安装应与吸油烟机对准，中心线偏移允许公差为 ±20mm。

7）门与框架、门与门相邻表面、抽屉与框架、抽屉与门、抽屉与抽屉相邻表面的位差度小于等于 2.0mm。

8）台面拼接时的错位公差应小于等于 0.5mm；相邻吊柜、地柜和高柜之间应使用柜体连接件紧固，柜与柜之间的层错位、面错位公差应小于等于 2.0mm。

2. 成品保护

（1）安装过程中成品保护

1）当天安装的橱柜，当天从仓库运到房间，当天安装完成，当天工完场清。

2）搬运、安装过程中，注意不能损坏涂料、木门、木地板等其他成品。

3）打胶时，严禁在柜体上抹胶。

（2）安装后成品保护

1）安装完成后，柜门表面 PE 保护膜仍然保留，直到集中交付前清除。

2）柜体安装完成后，若涂料修补较多，橱柜施工方须主动对柜体进行覆盖保护。

3）开荒保洁时，橱柜施工方须及时巡查，避免清洁不当造成成品损坏。

3. 质量验收

（1）一般规定

1）质量验收应在施工单位自检合格的基础上，报监理（建设）单位按规定程序进行质量检验。

2）厨房施工质量应符合设计的要求和相关专业验收标准的规定。

3）厨房的质量验收应在施工期间和施工完成后及时验收。

4）厨房的质量验收还应符合现行国家标准《家用厨房设备　第 3 部分：试验方法与检验规则》GB/T 18885.2 的有关规定。

5）集成式厨房工程的质量验收应符合现行国家标准《建筑工程施工质量验收统一标准》GB 50300 和其他专业验收标准的规定。

6）集成式厨房验收应以竣工验收时可观察到的工程观感质量和影响使用功能的质量作为主要验收项目，检查数量不应少于检验批数量。

7）未经竣工验收合格的集成式整体厨房工程不得投入使用。

（2）主控项目

1）装配式整体厨房交付前必须进行合格检验，包括以下项目：外观、尺寸公差；形状和位置公差；材料的合格证件；排水机构的试漏试验；木工要求；电气要求；水槽：除水槽材料的力学性能和化学成分的所有项目。

检查数量：全数检查。检验方法：观察检查尺量，检查材料质量文件。

2）厨房安全性能应符合以下规定：厨房电源插座应选用质量合格的防溅水型单相三线或单相双线的组合插座；所有抽屉和拉篮，应抽拉自如，无阻滞，并有限位保护装置，防止直接拉出；所有柜外漏的锐角必须磨钝；金属件在人可触摸的位置要砂光处理，不允许有毛刺和锐角。

检查数量：全数检查。检验方法：观察检查。

3）密封性能检查项目：排水结构（落水滤器、溢水嘴、排水管、管接等）各接头连接、水槽及排水结构的连接必须严密，不得有渗漏，软管连接部应用卡箍箍筋；燃气器具的进气接头与燃气管道（或钢瓶）之间的软管应连接紧密，连接部应用卡箍紧固，不得有漏气现象；给水管道与水嘴接头应不渗漏水；后挡水与墙面连接处应打密封胶（不锈钢橱柜除外）；嵌式灶具与台面连接处应加密封材料；水槽与台面连接处应使用密封胶密封（不锈钢橱柜整体台面水槽除外）；吸油烟机排气管与接口处应采取密封措施。

检查数量：全数检查。检验方法：观察检查。

（3）一般项目

1）橱柜外观要求：产品外表应保持原有状态，不得有碰伤、划伤、开裂和压痕等缺陷；橱柜安装位置符合图纸要求，不得随意变换位置；橱柜摆放协调一致，外面及吊柜应保持水平；对门板和抽屉进行全面调节，使门板和抽屉面的上下、前后、左右分缝均匀一致。

检查数量：全数检查。检验方法：观察检查。

2）清洁检查要求：检查客户厨房内及橱柜柜体内、抽屉和台面上有无遗留物品、有无污渍；如客户需对安装产品进行防护，应满足要求。

5.3　装配式装修

装配化装修是将工厂生产的部品部件在现场进行组合安装的装修方式，主要包括干式工法楼（地）面、集成厨房、集成卫生间、管线与结构分离等。装配式装修有如下四大特征：

（1）标准化设计：建筑设计与装修设计一体化模数，BIM模型协同设计；验证建筑、设备、管线与装修零冲突

（2）工业化生产：产品统一部品化、部品统一型号规格、部品统一设计标准。

（3）装配化施工：由产业工人现场装配，通过工厂化管理规范装配动作和程序。

（4）信息化协同：部品标准化、模块化、模数化，从测量数据与工厂智造协同，现场进度与工程配送协同。

装配式装修对于全面提升住房品质也具有多方面的优势，切实提高建筑安全性、耐久性和舒适性，满足人民群众对建筑品质更高需求。由于部品在工厂制作，通过工业化来提升住宅的质量，全面保证产品性能；由于现场以拼接和安装为主没有湿作业可实现装修节能环保，施工现场无噪声、无垃圾无污染，装修完毕即可入住；由于提高劳动生产率缩短建设周期，可以用同样的价格选择更好的优质材料，为居住者提供最佳性价比；使用的部品便于维护，降低了后期的运营维护难度；积极推广装配式装修可避免后期装修造成的破

坏结构和扰民等现象。

装配式装修主要包含以快装轻质隔墙安装、快装龙骨吊顶安装、模块式快装采暖地面安装和住宅集成式给水管道安装 4 部分。

5.3.1　快装轻质隔墙安装

快装轻质隔墙由轻钢龙骨内填岩棉外贴涂装板组成（图 5.3-1），用于居室、厨房、卫生间等部位隔墙。快装轻质隔墙体系可根据住户居住空间实际需求灵活布置，采用干法制作，具有装配速度快、轻质隔声、防腐保温和防火等特点。

隔墙天地龙骨和竖向龙骨采用轻钢龙骨，并根据壁挂物品设置加强龙骨；填充墙内岩棉等燃烧性能 A 级的不燃材料，填塞于隔墙内，可起防火隔声作用；装饰面层采用涂装板，与龙骨间采用结构密封胶粘接，板间缝隙用防霉型硅酮玻璃胶填充凹缝并勾缝光滑。

卫生间隔墙一般设 250mm 高防水坝，宜采用 8mm 厚硅酸钙板，防水坝与结构地面相接处用聚合物砂浆抹成斜角。沿墙面横向铺贴 PE 防水防潮隔膜，底部与防水坝表面防水层搭接不少于 100mm，用聚氨酯弹性胶粘接，铺贴至结构顶板板底，形成整体防水防潮层。

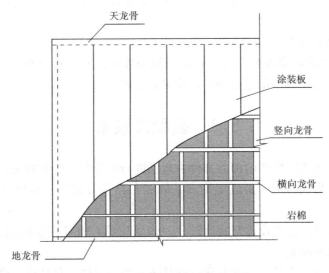

图 5.3-1　快装轻质隔墙构造示意

5.3.2　快装龙骨顶棚安装

快装龙骨顶棚由铝合金龙骨和涂装板外饰面组成（图 5.3-2），用于厨房、卫生间和封闭阳台等部位顶棚。顶棚边龙骨沿墙面涂装板顶部挂装，固定牢固，边龙骨阴阳角处应切割成 45°拼接，以保证接缝严密，开间尺寸大于 1800mm 时，应采用吊杆加固措施。顶棚板开排烟孔和排风扇孔洞时应用专用工具，边沿切割整齐。

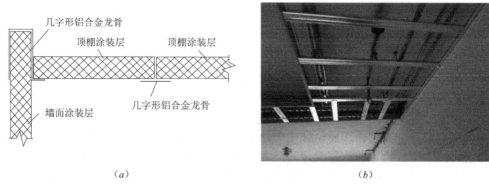

|（a）|（b）|

图 5.3-2　快装龙骨顶棚

（a）顶棚大样；（b）顶棚安装情况

5.3.3　模块式快装采暖地面安装

模块式快装采暖地面由可调节地脚组件、地暖模块、平衡层和饰面层组成（图 5.3-3），用于居室、厨房、卫生间和封闭阳台等部位。其设计高度为 110mm。在楼板上放置可调节地脚组件支撑地暖模块，架空空间内铺设机电管线，可灵活拆装使用，安装方便，便于维修，无湿作业且使用寿命长。

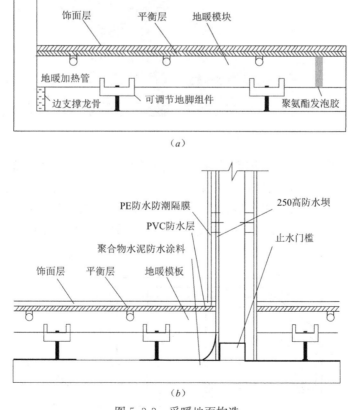

图 5.3-3　采暖地面构造

（a）模块式陕装采暖地面；（b）卫生间模块式快装采暖地面

可调节地脚组件由聚丙烯支撑块、丁腈橡胶垫及连接螺栓等配件组成。在边支撑龙骨与可调节地脚组件上架设地暖模块，可调节地脚组件与地暖模块用自攻螺丝连接。地暖模块间隙为 10mm，用聚氨酯发泡胶填充严实。通过连接螺栓架空支撑地脚组件可方便地调节地暖模块的高度及面层水平以避免楼板不平的影响，在架空地面内铺设管线还可起隔声作用。地暖模块由镀锌钢板内填塞聚苯乙烯泡沫塑料板材组成，具有保温隔声作用，并使热量向上传递，以充分利用热能。地暖加热管敷设在地暖模块的沟槽内，不应有接头，不得突出模块表面。平衡层采用燃烧性能为 A 级的 8mm 厚无石棉硅酸钙板。带压铺贴第一层平衡层，铺贴完成检查加热管无渗漏后方可泄压；随即铺贴第二层平衡层，该平衡层与第一层平衡层水平垂直铺贴；饰面层采用 2mm 厚石塑地板（卫生间饰面层采用 8mm 厚表面经防滑、耐磨处理的涂装板）。石塑地板铺贴前应在现场放置 24h 以上，使材料记忆性还原，温度与施工现场一致，铺贴时两块材料间应贴紧无缝隙。

5.3.4　住宅集成式给水管道安装

按传统各类管线均埋设在住宅结构内或垫层内，管线日常维修维护及更换极为不便，管线改造更可能影响结构使用寿命。集成式管道敷设于架空层内（图 5.3-4），管路布置灵活，安装快捷便利，维修方便，不破坏结构，且不产生建筑垃圾。

图 5.3-4　管道铺设情况

给水主管道（图 5.3-5）成排敷设时，直线部分宜互相平行。弯曲部分宜与直线部分保持等距。户内给水分支管道与给水主管道宜设置在吊顶内进行连接，连接管件应为与管材相适应的管件，PP-R 管采用热熔连接，铝塑管采用专用管件连接，不得在塑料管上套丝。户内给水分支管道宜采用工业化模块产品，在现场按设计高度固定牢固。

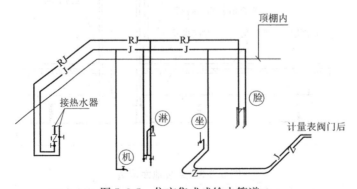

图 5.3-5　住宅集成式给水管道

6 装配式混凝土结构施工配套工装系统的应用

装配式钢筋混凝土结构施工作为一种新型的建造形式，是建筑工业化发展、建筑行业产业升级的必然。与传统的建造形式相比，在施工工艺、工装应用方面存在着较大的差别。针对装配式钢筋混凝土结构施工，我们进行了大量的探索，并有针对性地对装配式混凝土结构工装系统的应用进行总结，整理出一套针对装配式混凝土结构的标准化工装系统。

在本章中，我们以施工工艺流程为主线，对工装用途、使用方法以及工装在安全质量控制方面的注意事项等方面对标准化工装系统进行一一介绍，并对装配式混凝土结构施工中特有的且具有重要性的工装进行有针对性的详细介绍。

6.1 预制构件运输工装系统的应用

本节主要介绍预制构件运输过程中吊具、运输支架、固定装置等工装的应用，根据运输构件不同的结构形状，选用不同构件组合工装。运输各类型构件分别使用相应的墙板运输支架、飘窗运输支架、阳台板运输支架、楼梯板运输支架及其配套性工装系统。

6.1.1 预制构件运输流程（图 6.1-1）

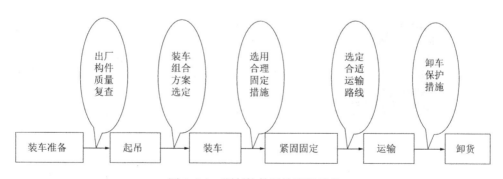

图 6.1-1 预制构件运输流程示意

6.1.2 预制构件运输标准化工装系统

预制构件运输标准化工装系统包括吊架、吊链、帆布带、吊扣、吊钩、各类型的运输支架、垫木、绑扎材料、软垫片、花篮螺栓、收紧器等。

（1）起吊、卸货常用工装（表 6.1-1）

起吊、卸货常用标准化工装表 表 6.1-1

序号	工装图片	工装名称	主要用途	控制要求
1		吊架	起吊、卸载用具，使起吊构件保持平衡	最大额定起重量不宜小于最大构件重量的1.2～1.5倍
2		吊链	起吊、卸载用具	最大额定起重量不宜小于最大构件重量的1.2～1.5倍
3		帆布带	起吊、卸载构件	最大额定起重量不宜小于最大构件重量的1.2～1.5倍
4		吊扣	起吊、卸载用具，锁死构件上的起吊点	最大额定起重量不宜小于最大构件重量的1.2～1.5倍
5		吊钩	起吊、卸载用具，锁死构件上的起吊点	最大额定起重量不宜小于最大构件重量的1.2～1.5倍

（2）装车常用工装（表 6.1-2）

装车常用标准化工装表

表 6.1-2

序号	工装图片	工装名称	主要用途	控制要求
1		预制墙板运输支架	运输墙板	允许误差 5mm
2		飘窗运输支架	运输飘窗，飘窗沿下方做支撑，防止倾覆	允许误差 5mm
3		阳台板运输支架	运输阳台板，防止倾覆	允许误差 5mm
4		楼梯运输支架	运输楼梯时做水平支撑	允许误差 2mm
5		垫木	运输叠合板	10cm×10cm 普通方木，方木长度 50～120cm

（3）紧固固定常用工装（表 6.1-3）

紧固固定常用标准化工装表　　　　　　　　　　　　表 6.1-3

序号	工装图片	工装名称	主要用途	控制要求
1		绑扎材料	钢丝绳绑扎收紧时保护产品边角不被勒破	塑料材质，厚度不得低于 3mm
2		软垫片	为产品接触硬质支撑物之间提供柔性保护	软质塑料或橡胶片，最小厚度 8mm
3	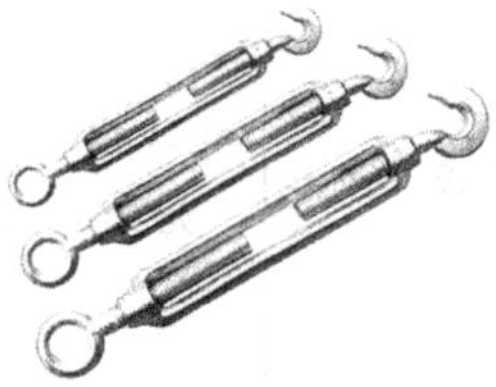	花篮螺栓	逐步收紧钢丝绳	M12 或 M16
4	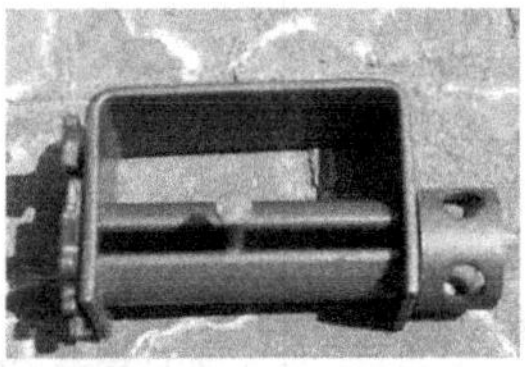	收紧器	将钢丝绳紧固在货车上	—

（4）运输常用工装（表 6.1-4）

运输常用标准化工装表　　　　　　　　　　　　表 6.1-4

序号	工装图片	工装名称	主要用途	控制要求
1		运输车辆	运输预制构件	具有足够的承载能力与尺寸

6.1.3 工装系统应用流程示意

预制构件的运输工装系统应用流程如图 6.1-2 所示。

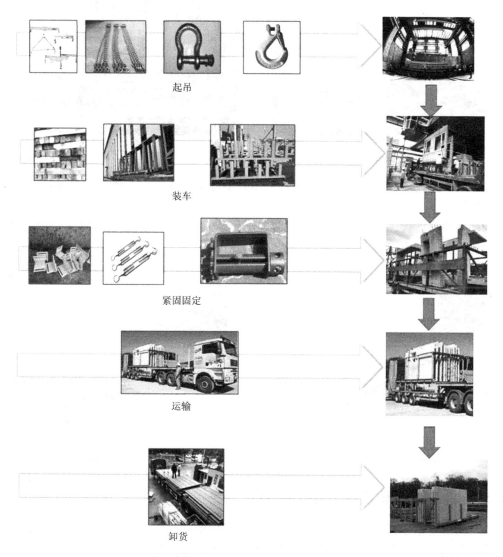

起吊

装车

紧固固定

运输

卸货

图 6.1-2 预制构件的运输工装系统应用流程示意

6.1.4 预制构件运输重点工装使用介绍

在预制构件运输标准化工装系统中，应重点控制运输支架类型的选择使用，并应正确使用工装系统。

外墙板宜采用竖直立放方式运输，应使用专用支架运输，支架应与车身连接牢固，墙板饰面层应朝外，构件与支架应连接牢固（图 6.1-3、图 6.1-4）。

图 6.1-3　异形墙板运输支架示意　　　　图 6.1-4　内、外墙组合运输支架示意

飘窗、阳台板运输宜采用平运方式，采用装车时支点搁置要正确，位置和数量应按设计要求进行。

楼梯、叠合楼板、短柱、预制梁等类型构件宜采用平运方式，装车时支点使用垫木，垫木的位置和数量应搁置正确（图 6.1-5、图 6.1-6）。

图 6.1-5　叠合楼板运输示意　　　　　　图 6.1-6　楼梯运输示意

6.1.5　预制构件运输重点工装控制要点

预制构件运输过程中应重点控制装车及固定，应根据构件的特点采用不同的叠放和装架方式，使用相应的专门设计的运输支架进行，具体质量控制要点如下：

1）当构件采用龙门吊装车时，起吊前应检查吊钩是否挂好，构件中螺栓是否拆除等，避免影响构件起吊安全。

2）构件从成品堆放区吊出前，应根据设计要求或强度验算结果，在运输车辆上支设好运输架：外墙板以立运为宜，饰面层应朝外对称靠放，与地面倾斜度不宜小于 80°；梁、板、楼梯、阳台以平运为宜。

3）运输构件的搁置点：一般等截面构件在长度 1/5 处，板的搁置点在距端部 200～300mm 处。其他构件视受力情况确定，搁置点宜靠近节点处。

4）采用平运叠放方式运输时，叠放在车上的构件之间，应采用垫木，并在同一条垂直线上，且厚度相等，且叠放层数不宜大于 5 层。

5）构件与车身、构件与构件之间应设有板条、草袋等隔离体，构件边角位置或角铁与构件之间接触部位应用橡胶材料或其他柔性材料衬垫等缓冲。

6）采用拖车装运方法运输，若通过桥涵或隧道，则装载高度，对二级以上公路不应超过5m；对三、四级公路不应超过4.5m。构件的行车速度应不大于表6.1-5规定的数值；

行车速度参考表（km/h） 表6.1-5

构件分类	运输车辆	人车稀少道路平坦视线清晰	道路较平坦	道路高低不平坑坑注注
一般构件	汽车	50	35	15
长重构件	汽车	40	30	15
	平板（拖）车	35	25	10

7）构件装卸过程中应严格执行"十不吊"规定：指挥信号不明或乱指挥不吊；超载不吊；斜拉构件不吊；构件上站人不吊；工作场地光线昏暗、无法看清场地及指挥信号不吊；绑扎不牢不吊；安全装置缺损或失效不吊；无防护措施不吊；恶劣天气不吊；重量不明构件不吊。

8）运输支架设计时应考虑车辆在运输时上坡、下坡、转弯时构件对架体产生的冲击力和离心力，以保证架体不损坏以及构件不倾出。

6.2 预制构件现场存储工装系统的应用

预制构件的现场存储应根据其不同形状及受力要求进行堆放，以保证构件质量的完好。本节主要介绍预制构件现场存储的工装系统及其应用。

6.2.1 预制构件现场存储工序（图6.2-1）

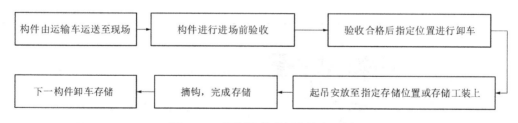

图6.2-1 预制构件现场存储流程图

预制构件由运输车运送至现场时，首先对构件进行进场验收，质量验收合格的构件进行卸车起吊。利用构件起吊工装对运输车上的构件进行试起吊，检查确认后，再将构件卸车起吊，按编号安放至指定存储位置的存储工装系统上。

6.2.2 预制构件现场存储工装介绍

常用存储工装及简介见表6.2-1。

预制构件现场存储工装表

表 6.2-1

序号	工装名称	工装图片	主要用途	控制要求
1	卷尺		用于验收核对构件尺寸信息	允许偏差 5mm
2	水平尺		用于验收测量预制构件平整度	选择 2m 靠尺，允许偏差 5mm
3	插放架		预制墙板可使用插放架或靠放架在现场储存堆放，但是由于靠放架在使用过程中的局限性，在施工现场常使用插放架，以确保墙板放置稳定、不倾覆，受力满足墙体自身构造特点并保证构件边角、外伸钢筋完好	插放架要有足够的强度、刚度、承载力，插放架应设置防磕碰、防下沉的保护措施
4	叠放枕木		预制楼梯、叠合板等现场储存的必要措施	枕木放置位置应根据构件重心及等弯矩原则确定。叠层堆放时上下层构件及枕木均要对齐
5	特殊构件现场存储架		特殊构件存储则依据构件的形状、受力特点，采用现场深化设计的存储架进行堆放存储	依据构件的形状，受力情况以及重量等进行设计，保证构件的稳固存储且不会损坏

6.2.3 预制构件现场存储工装

预制构件现场存储可根据构件特点采用不同的搭设方式与材料灵活构造而成，一般情况下，预制构件现场存储常采用插放法和叠放法两种形式进行堆放（图 6.2-2）。

（1）插放法：多用于预制墙板的堆放。其特点是：堆放不受型号限制，可以按吊装顺序堆放墙板，便于查找板号，但占用场地较多，且需设置插放架。

（2）叠放法（平放法）：适用于预制叠合板、柱、梁、楼梯、阳台板、空调板等。一般采用同型号堆放。

（a）　　　　　　　　　　（b）　　　　　　　　　　（c）

图 6.2-2　预制构件的现场存储

（a）预制墙板插放法存储；

（b）预制楼梯叠放法存储；（c）预制叠合板叠放法存储

6.3　预制构件吊装工装系统的应用

预制构件吊装应根据其形状、尺寸及重量等要求选择适宜的吊具；吊具应按现行国家相关标准的有关规定进行设计验算或试验检验，经检验合格后方可使用。本节主要介绍预制构件起吊工装系统及其运用。

6.3.1　预制构件吊装工序（图 6.3-1）

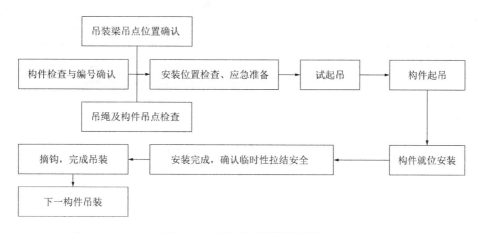

图 6.3-1　预制构件吊装流程图

预制构件的吊装，首先应按照施工方案吊装顺序提前编号，吊装时严格按编号顺序起吊。在吊梁（起重架）吊点位置、吊绳吊索及吊点连接安装检查完毕后，对构件进行试起吊，确认试吊正常后，开始进行构件起吊、就位安装。预制构件吊装就位并校准定位后，应及时设置临时支撑或采取临时固定措施。在安装完成并确认临时拉结安全之后，方可摘钩，进行下一个构件的吊装（图 6.3-2）。

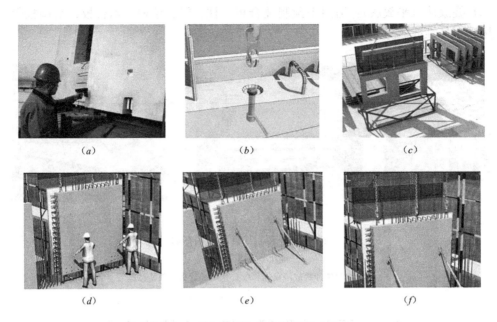

图 6.3-2 预制构件吊装流程示意

（a）构件检查与编码确认；（b）检查吊点；（c）构件试吊；

（d）构件吊装就位；（e）安装临时固定支撑；（f）构件摘钩

6.3.2 预制构件吊装工器具及设备

1. 起吊设备（表 6.3-1）

预制构件起重设备表   表 6.3-1

序号	工序名称	工装名称	工装图片	主要用途	控制要求
1	起吊	塔式起重机		塔式起重机是装配式建造最不可或缺的起吊设备，主要用于构件的起重、吊装、转向	按照不同的吊装工况和构件类型选用，并依据使用规范进行吊装作业
2	起吊	汽车吊		主要用于构件的起重、吊装、转向	

2. 起吊工装系统（表 6.3-2）

预制构件起吊工装表
表 6.3-2

序号	工序名称	工装名称	工装图片	主要用途	控制要求
1	起吊	扁担吊梁		适用于预制外墙板、预制内墙板、预制楼梯、预制 PCF 板、预制阳台板、预制阳台挂板、预制女儿墙板等构件的起吊	1. 由 H 型钢焊接而成，吊梁长度 3.5m，自重 120～230kg，额定荷载 2.5～10t，额定荷载下挠度 11.3～14.6mm，吊梁竖直距离 H 为 2m。 2. 下方设置专用吊钩，用于悬挂吊索
2	起吊	框式吊梁		适用于不同型号的叠合板、预制楼梯起吊，可以避免因局部受力不均造成叠合板开裂	1. 由 H 型钢焊接而成，长 2.6m，宽 0.9m，自重 360～550kg，额定荷载 2.5～10t，额定荷载下挠度 10.9～14.9mm，吊梁竖直距离 H 为 2m。 2. 下方设计专用吊耳及滑轮组（4 个定滑轮、6 个动滑轮），预制叠合板通过滑轮组实现构件起吊后水平自平衡
3	起吊	八股头式吊索		采用 6×37 钢丝绳制成的预制构件吊装绳索	其长度应根据吊物的几何尺寸、重量和所用的吊装工具、吊装方法予以确定，吊索的安全系数不应小于 6
4	起吊	环状式吊索			吊索与所吊构件间的水平夹角为 45°～60°，吊索的安全系数不应小于 6

序号	工序名称	工装名称	工装图片	主要用途	控制要求
5	起吊	吊链		主要由环链与钢丝绳构成，是起重机械中吊取重物的装置	1. 依据工况及《起重吊带和吊链管理办法》使用。 2. 保证无扭结、破损、开裂，不能在吊带打结、扭、绞状态下使用。 3. 使用正确长度和吨位的吊带或吊链，不能超载和持久载荷
6	起吊	卸扣		索具的一种，用于索具与末端配之间，起连接作用。在吊装起重作业中，直接连接起重滑车、吊环或者固定绳索，是起重作业中用得最广泛的连接工具	1. 卸扣应光滑平整，不允许有裂纹、锐边、过烧等缺陷。 2. 使用时，应检查扣体和插销，不得严重磨损、变形和疲劳裂纹，螺纹连接良好。 3. 卸扣的使用不得超过规定的安全负荷
7	起吊	吊钩		是起重机械中最常见的一种吊具。吊钩常借助于滑轮组等部件悬挂在起升机构的钢丝绳上	吊钩应有制造厂的合格证书，表面应光滑，不得有裂纹、划痕、刨裂、锐角等现象存在，否则严禁使用。吊钩应每年检查一次，不合格者应停止使用
8	起吊	球头吊具系统		高强度特种钢制造，适用于各种预制构件，特别是大型的竖向构件吊装，例如预制剪力墙、预制柱、预制梁及其他大跨度构件	起重量范围 1.3~45t
9	起吊	TPA扁钢吊索具系统		多种吊钉形式可选，适用于厚度较薄的预制构件的吊装，例如薄内墙板、薄楼板	起重量范围 2.5~26t

续表

序号	工序名称	工装名称	工装图片	主要用途	控制要求
10	起吊	内螺纹套筒吊索系统	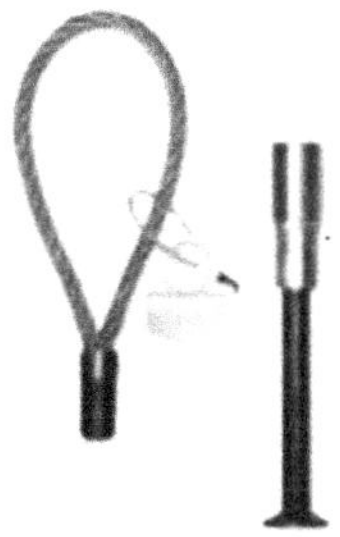	多种直径的滚丝螺纹套筒,经济型的吊装系统,适用于吊装重量较轻的预制构件	承重不可超出额定荷载,具体控制要求依据其使用规程
11	起吊	万向吊头/鸭嘴扣	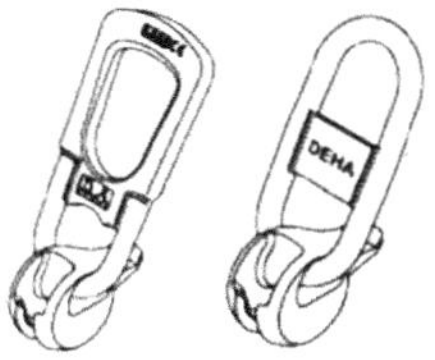	预制构件吊具连接件的一种,用于吊具与构件之间的连接。根据机械连接的设计原理,在吊链或吊绳拉紧时,允许荷载范围内鸭嘴扣可以与预埋件紧紧扣卡,而当吊绳松弛,扣件可以从构件上轻松拆卸	1. 需要与构件上配套预埋件进行连接,在允许荷载范围内使用。 2. 在吊链或吊绳拉紧传力前,必须先与预埋件正确连接
12	起吊	手拉葫芦		一种使用简易、携带方便的手动起重机械	起重量一般不超过100t

6.3.3 起吊工装系统应用示意

几种常见预制构件的起吊工装系统的运用如图6.3-3所示。

1. 预制墙体起吊

专用吊梁由H型钢焊接而成,根据各预制构件起吊时不同尺寸,不同的起吊点位置,设置模数化吊点,确保预制构件在吊装时吊装钢丝绳保持竖直。专用吊梁下方设置专用吊钩,用于悬挂吊索,进行不同类型预制墙体的吊装(具体吊梁及吊钩设计及验算需根据具体项目构件情况而定)。

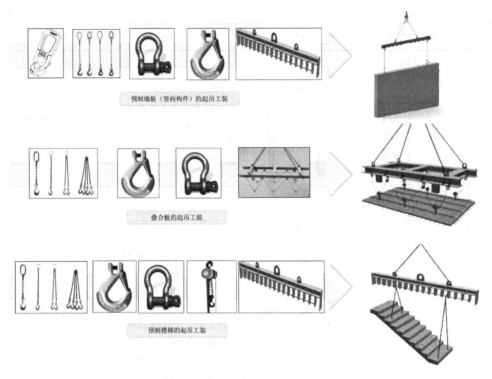

图 6.3-3 起吊预制构件工装系统应用示意

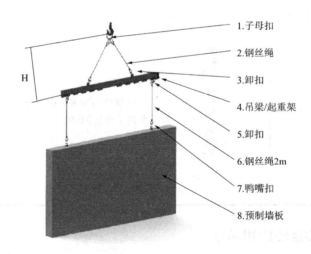

图 6.3-4 预制墙板起吊工装

2. 预制叠合板起吊（图 6.3-5）

预制叠合板厚度一般为 60mm 左右，叠合板起吊时，为了避免因局部受力不均造成叠合板开裂，故叠合板吊装采用专用吊架（即叠合构件用自平衡吊架），吊架由工字钢焊接而成，并设置有专用吊耳和滑轮组（4 个定滑轮、6 个动滑轮），专用于预制叠合板类构件的起吊，通过滑轮组实现构件起吊后的水平自平衡。（具体吊架设计及验算需根据具体项目构件情况而定）。

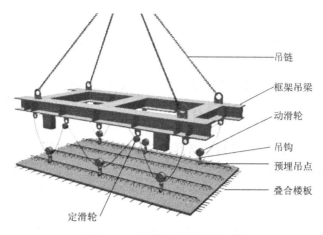

图 6.3-5　预制叠合板起吊工装

3. 预制楼梯起吊 (图 6.3-6)

预制楼梯起吊时，由于楼梯自身抗弯刚度能够满足吊运要求，故预制楼梯采用常规方式吊运（即吊索＋吊钩）。为了保证预制楼梯准确安装就位，需控制楼梯两端吊索长度，要求楼梯两端部同时降落至休息平台上。

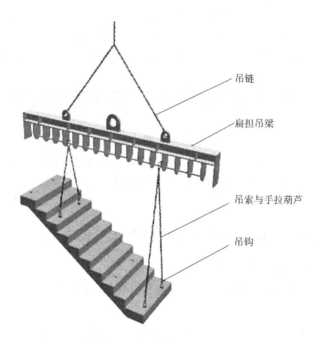

图 6.3-6　预制楼梯起吊工装

6.3.4　起吊工装系统的使用要求

（1）预制构件起吊宜采用标准吊具，吊具可采用预埋吊环或内置式连接钢套筒的形式。

（2）根据预制构件形状、尺寸及重量要求选择适宜的吊具，在吊装过程中，吊索水平夹角不宜小于60°，不应小于45°；尺寸较大或形状复杂的预制构件应选择设置分配梁或分配桁架的吊具，并应保证吊车主钩位置、吊具及构件重心在竖直方向重合。

（3）构件起吊平稳后再匀速转动吊臂，调整构件姿态，由吊装人员接住缆风绳后，将构件调整到安装位置的上方，待构件稳定后，缓缓降到安装的位置。

6.3.5 起吊工装应用质量控制要点

（1）须将起吊点设置于预制构件重心部位，避免构件吊装过程中由于自身受力状态不平衡而导致构件旋转问题。

（2）当预制构件生产状态与安装状态构件姿态一致时，尽可能将施工起吊点与构件生产脱模起吊点相统一。

（3）当预制构件生产状态与安装姿态不一致时，尽可能将脱模用起吊点设置于安装后不影响观感部位，并加工成容易移除的方式，避免对构件观感造成影响。

（4）施工起吊点不可避免的位于可能影响构件观感部位时，可采用预埋下沉螺母方式解决，待吊装完成后，经简单处理即可将吊装用螺母孔洞封堵。

（5）考虑安装起吊时可能存在的预制构件由于吊装受力状态与安装受力状态不一致而导致不合理受力开裂损坏问题，设置吊装临时加固措施，避免由于吊装而造成构件损坏。

（6）根据PC从生产、运输、安装、使用各个阶段的具体情况，选取可能造成PC受力破坏的几个节点进行受力分析计算，确保PC具有足够的强度与刚度。选取的节点如下：PC脱模时、PC翻身过程、PC起吊时、PC浇筑过程、PC暗螺母承载力。

6.4 预制构件安装工装系统的应用

装配式混凝土结构主要包括装配式混凝土剪力墙结构体系和装配式混凝土框架结构体系，其预制构件包含预制水平构件（预制叠合楼板、预制叠合梁、预制阳台、预制楼梯）和预制竖向构件（预制剪力墙、预制框架柱、预制外挂板），各类型预制构件在安装过程中均采用标准化工装系统。

6.4.1 装配式混凝土结构预制水平构件标准化工装应用

1. 预制水平构件安装工序

装配式混凝土结构预制水平构件包括预制叠合楼板、预制叠合梁、预制阳台板、预制楼梯等。

（1）预制叠合楼板、预制叠合梁、预制阳台板安装流程（图6.4-1）

图6.4-1 预制水平构件（叠合楼板、叠合梁、阳台板）安装流程图

（2）预制楼梯安装流程（图 6.4-2）

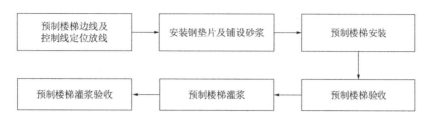

图 6.4-2　预制楼梯安装流程图

2. 预制水平构件安装标准化工装系统

（1）预制叠合楼板、预制叠合梁、预制阳台板标准化工装系统

预制水平构件安装过程标准化工装系统包括水准仪、全站仪、激光水平仪、塔尺、卷尺、钢卷尺、水平尺、钢直尺、塞尺、激光测距仪、墨斗、独立支撑、顶托、支撑头、工字梁（木制、钢制）、撬棍、垫木等，具体水平构件（预制叠合楼板、预制叠合梁、预制阳台板）标准化工装详见表 6.4-1。

预制叠合楼板、叠合梁、阳台板标准化工装系统表　表 6.4-1

序号	工序名称	工装图片	工装名称	主要用途	控制要求
1	预制水平构件及独立支撑定位放线		全站仪	用于放出 X、Y 方向主控制线	允许偏差 5mm
2			激光水平仪	用于放出预制构件及独立支撑控制边线	允许偏差 5mm
3			卷尺	用于放出预制水平构件及独立支撑控制边线	允许偏差 5mm
4			钢卷尺	用于放出预制水平构件及独立支撑控制边线	允许偏差 5mm
5			墨斗	用于弹出预制水平构件及独立支撑控制边线	控制边线应清晰可见

序号	工序名称	工装图片	工装名称	主要用途	控制要求
6	独立支撑及木工字梁安装		独立可调支撑	用于支撑预制水平构件，通过调节独立支撑高度，实现构件标高控制	控制支撑垂直度，Q235材质，独立支撑标高允许偏差±5mm
7			顶托	与独立支撑配套使用，用于支撑工字梁，回顶预制叠合楼板、阳台板等水平构件	独立支撑与顶托连接牢固，Q235钢材，顶托尺寸与工字梁配套
8			可调顶托	与独立支撑配套使用，用于支撑工字梁，通过调节顶托螺扣，实现构件标高控制	独立支撑与可调顶托连接牢固，Q235钢材，顶托尺寸与工字梁配套
9			支撑头	与独立支撑配套使用，直接与预制梁接触，用于支撑及限位预制梁及预制叠合梁	支撑头与独立支撑连接牢固，Q235钢材
10			木工字梁	与独立支撑及顶托配套使用，用于支撑预制叠合楼板、阳台板等水平构件	梁高200mm、翼缘宽80mm、翼缘厚40mm、腹板厚30mm、弹性模量11kN/m^2
11			铝合金工字梁	与独立支撑及顶托配套使用，用于支撑预制叠合楼板、阳台板等水平构件	采用6061-T6铝合金/6063-T6铝合金，截面尺寸为100mm×185mm

续表

序号	工序名称	工装图片	工装名称	主要用途	控制要求
12	独立支撑及工字梁验收		水准仪	用于测量独立支撑及工字梁顶面标高	独立支撑及工字梁标高允许偏差±5mm
13			塔尺	与水准仪配套使用，用于测量独立支撑及工字梁顶面标高	独立支撑及工字梁标高允许偏差±5mm
14	预制水平构件安装		撬棍	用于调节预制水平构件水平位移	调节预制构件水平位移时，禁止破坏构件饰面
15			垫木	垫木与撬棍配套使用，用于支顶撬棍	垫木尺寸应根据现场实际情况而定
16	预制水平构件验收		靠尺	用于测量预制构件平整度	选择2m靠尺，允许偏差5mm
17			塞尺	与靠尺配合使用，用于测量预制构件平整度	允许偏差5mm
18			直角钢尺	用于测量预制构件安装转交尺寸	允许偏差±5mm
19			激光测距仪	用于测量预制构件净空尺寸	允许偏差10mm

（2）预制楼梯标准化工装系统

预制混凝土板式楼梯支座处为销键连接，上端支座为固定铰支座，下端支撑处为滑动支座，其预制楼梯安装标准化工装系统包括经纬仪、水准仪、塔尺、墨斗、卷尺、撬棍、钢垫片、找平砂浆、高强度螺栓、聚苯板、CGM 灌浆料、手动注浆枪，其中水准仪、塔尺、墨斗、卷尺、撬棍、垫木等标准化工装详见表 6.4-1，其余标准化工装详见表 6.4-2。

预制楼梯标准化工装系统　　　　　　　　　　　　　表 6.4-2

序号	工序名称	工装图片	工装名称	主要用途	控制要求
1	预制楼梯边线及控制线定位放线	—	全站仪、激光水准仪、卷尺、墨斗	主要用途详见 6.4-1	控制要求详见表 6.4-1
2	安装钢垫片及铺设砂浆		钢板垫片	用于控制预制楼梯标高	垫片宜采用 2mm、3mm、5mm、10mm 钢板，垫片需作防锈处理
3			找平砂浆	用于封堵预制楼梯底部与结构之间的空隙	找平砂浆应填充密实，强度等级≥M15
4			高强螺栓	用于临时固定预制楼梯	螺栓采用 M14，C 级螺栓
5	预制楼梯安装	—	撬棍、垫木	主要用途详见表 6.4-1	控制要求详见表 6.4-1
6	预制楼梯验收	—	靠尺、塞尺、直角钢尺、激光测距仪	主要用途详见表 6.4-1	控制要求详见表 6.4-1

序号	工序名称	工装图片	工装名称	主要用途	控制要求
7	预制楼梯灌浆		手动注浆枪	用于给预制楼梯注灌浆料	手动注浆枪注浆完成后应及时清理
8			CGM灌浆料	用于填充预制楼梯上端支座键槽	CGM灌浆料应达到C40强度，且满足《钢筋套筒灌浆连接技术规程》JGJ355的要求
9			聚苯板	用于填充预制楼梯与结构之间的缝隙	聚苯应填充密实
10	预制楼梯灌浆验收		摄像机	用于预制楼梯灌浆全程监控	监控灌浆全过程

3. 工装系统应用流程示意

（1）预制叠合楼板、预制叠合梁、预制阳台板标准化工装应用流程（图6.4-3）

（2）预制楼梯标准化工装应用流程（图6.4-4）

4. 预制水平构件重点工装使用介绍

在预制水平构件标准化工装系统中，根据装配工艺的需要，应重点控制独立支撑、工字梁（木质、铝合金）的选择，并应正确使用工装系统。

（1）独立支撑

独立支撑由上顶板、内管、调节螺母、可调螺纹段、外管、三脚架、下顶板组成（图6.4-5），与顶托配合使用，其独立支撑调节范围分别为0.5～0.8m、0.7～1.2m、1.0～1.8m、1.6～2.9m、1.7～3.0m、1.8～3.2m、2.0～3.5m、2.5～4.5m，独立支撑立杆材质为Q235钢，独立支撑壁厚应根据装配施工过程荷载要求进行选择（一般采用外管直径为60mm，内管直径为48mm，单根立杆重约14.5kg，承载力不小于2t），独立支撑应满足周转300次左右。

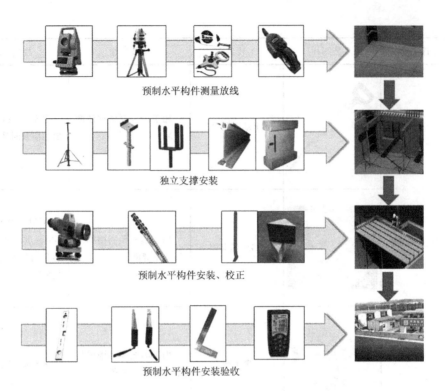

图 6.4-3　预制水平构件标准化工装应用流程图

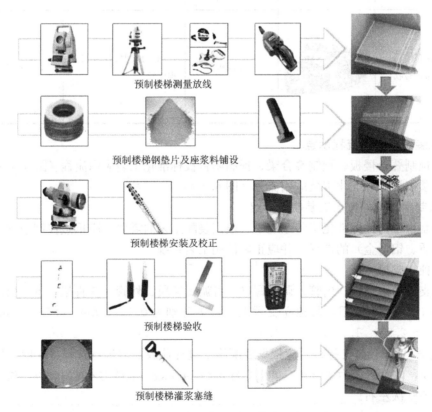

图 6.4-4　预制楼梯标准化工装应用流程图

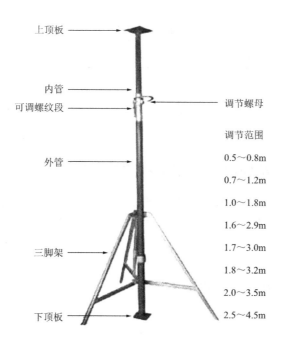

图 6.4-5 独立支撑示意

独立支撑安装就位后，通过调节内、外管之间的相对位置实现标高控制，并通过调节螺母对独立支撑标高进行微调。

（2）工字梁

工字梁分为木质工字梁、铝合金工字梁，其工字梁与独立支撑配合使用（图 6.4-6），根据装配施工荷载要求及周转情况选择相应的工字梁材料及尺寸（一般木工字梁可周转 50 次，铝合金工字梁可周转 300 次）。

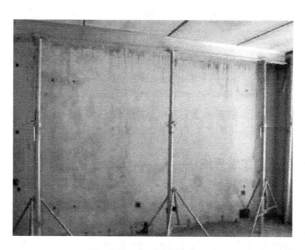

图 6.4-6 工字梁安装示意

5. 重点工装质量控制要点

预制水平构件（预制叠合楼板、预制叠合梁、预制阳台板）标高主要通过独立支撑进行控制，具体控制范围如表 6.4-3 所示。

独立支撑安装允许偏差 表 6.4-3

项　目		允许偏差	检验方法
构件中心线对轴线位置	预制水平构件（叠合梁、叠合楼板、阳台板）	5mm	质量检查
构件标高	叠合梁、叠合楼板、阳台板底面或顶面	±5mm	水准仪或尺量检查

6.4.2　装配式混凝土结构预制竖向构件标准化工装应用

在装配式混凝土建筑中预制竖向构件主要分为预制承重构件和预制非承重构件，其预制承重构件包括预制剪力墙、预制框架柱，预制非承重构件包括预制外挂板（外挂墙板、飘窗）、预制轻质隔墙板。

1. 预制竖向安装流程

（1）预制竖向承重构件安装流程（图6.4-7）

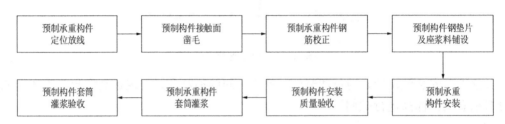

图6.4-7　预制承重构件（剪力墙、框架柱）安装流程图

（2）预制竖向非承重构件安装流程（图6.4-8）

图6.4-8　预制非承重构件（飘窗、外挂墙板）安装流程图

2. 预制竖向构件标准化工装系统

（1）预制竖向承重构件标准化工装系统

预制承重构件（剪力墙、框架柱）安装标准化工装系统包括全站仪、经纬仪、水准仪、塔尺、墨斗、卷尺、钢筋扳手、电钻、钢筋定位框、钢垫片、套筒＋螺栓、坐浆料、砂浆铲、观察镜、预制构件定位仪、千斤顶、斜支撑、七字码、电动灌浆泵、手动注枪、三联试模、圆锥截模、钢化玻璃板、灌浆料、搅拌机、搅拌桶、电子秤、量杯、温度计、钢直尺、橡胶塞、套筒灌浆平行试验箱、膨胀螺栓、螺栓、螺栓扳手等，其中钢筋定位框、预制构件定位仪、七字码、套筒灌浆平行试验箱为创新工装，具体标准化工装详见表6.4-4。

预制剪力墙、预制框架柱标准化工装   表 6.4-4

序号	工序名称	工装图片	工装名称	主要用途	控制要求
1	预制承重构件定位放线	—	全站仪、激光水准仪、卷尺、墨斗	主要用途详见表 6.4-1	控制要求详见表 6.4-1
2	预制构件接触面凿毛		电钻	用于混凝土面层凿毛	凿毛深度 5～10mm，凿毛间距 30mm 左右，凿毛率不低于 90%
3			凿毛机	用于混凝土面层凿毛	凿毛深度 5～10mm，凿毛间距 30mm 左右，凿毛率不低于 90%
4	预制承重构件钢筋校正		钢筋扳手	钢筋扳手由套管及钢筋组成，用于调整钢筋垂直度	套管型号大于钢筋直径一个等级
5			钢筋扳手	钢筋扳手由钢筋焊接而成，用于调整钢筋垂直度	钢筋扳手根据现场钢筋直径而定
6			钢筋定位框	与钢筋扳手配合使用，用于校核钢筋位置及钢筋垂直度	钢筋定位框应确保刚度，钢筋定位孔宜采用 $\geq d+5mm$
7	预制构件钢垫片及坐浆料铺设		钢垫片	用于控制预制墙板竖向标高	垫片宜采用 2mm、3mm、5mm、10mm 钢板，垫片需作防锈处理
8			套筒及螺栓	套筒及螺栓配套使用，用于调整预制构件竖向标高	套筒及螺栓应配套，其承载力应满足墙板自重要求

序号	工序名称	工装图片	工装名称	主要用途	控制要求
9	预制构件钢垫片及坐浆料铺设		坐浆料	用于封堵预制墙板、框架柱底部与结构之间的空隙	坐浆料强度等级应大于构件强度 一个等级
10			砂浆铲	用于铺设坐浆料	根据现场实际情况而定
11			千斤顶	用于调整预制墙板、预制框架柱竖向标高	千斤顶承载力应大于墙板自重
12			斜支撑	用于固定预制竖向构件及调整构件垂直度	构件垂直度小于 6m，允许偏差 5mm；大于 6m，允许偏差 10mm
13	预制承重构件安装		七字码	用于调整预制构件水平位移	允许偏差 8mm
14			膨胀螺栓	用于固定斜支撑与结构楼板	膨胀螺栓型号根据现场情况选择
15			人字梯	用于拆除预制构件顶部吊钩	人字梯根据现场情况选择

序号	工序名称	工装图片	工装名称	主要用途	控制要求
16	预制构件安装验收		靠尺、塞尺、直角钢尺、激光测距仪	主要用途详见表6.4-1	控制要求详见表6.4-1
17	预制承重构件灌浆		自动灌浆泵	用于加压，将灌浆料注入灌浆套筒内	灌浆泵额定压力为1.2MPa
18			灌浆料	与灌浆套筒配套使用，用于灌注灌浆套筒内	灌浆料应满足《钢筋连接用套筒灌浆料》JG/T408—2013 相关要求
19			电子秤	用于称量灌浆料及用水量	电子秤应精确至g，定期校核
20			搅拌桶	用于搅拌灌浆料	宜采用不锈钢桶，搅拌桶应满足搅拌要求
21			搅拌机	用于搅拌灌浆料	根据现场实际情况选择
22			温度计	用于测量灌浆料搅拌温度	灌浆料搅拌环境不应大于35℃，不应小于5℃

序号	工序名称	工装图片	工装名称	主要用途	控制要求
23			量杯	用于称量灌浆料用水量	根据现场实际情况选用
24			三联试模	用于做抗压强度试块	三联试模尺寸为40mm×40mm×160mm
25	预制承重构件灌浆		圆锥截模	用于检测灌浆料初始流动度	灌浆料初始流动性≥300，30min流动性≥260
26			钢化玻璃板	与圆锥截模配套使用，垫于圆锥截模底部	钢化玻璃尺寸为500mm×500mm×6mm
27			钢直尺	用于测量灌浆料流动性	灌浆料初始流动性≥300，30min流动性≥260
28			橡胶塞	用于封堵注浆孔及出浆孔	橡胶塞尺寸应与灌浆套筒配套
29			电子表	用于记录灌浆料搅拌时间	应控制灌浆料搅拌时间为4～5min

序号	工序名称	工装图片	工装名称	主要用途	控制要求
30	预制构件套筒灌浆验收	—	摄像机	用于预制楼梯灌浆全程监控	监控灌浆全过程
31			套筒灌浆平行试验箱	用于检测套筒灌浆密实度	预制构件套筒灌浆时，随机抽取灌浆料，进行套筒灌浆试验

（2）预制非承重墙板、飘窗标准化工装系统

预制非承重墙板、预制飘窗安装标准化工装系统包括全站仪、经纬仪、水准仪、塔尺、墨斗、卷尺、电钻、钢垫片、套筒＋螺栓、坐浆料、砂浆铲、千斤顶、斜支撑、七字码、遇水膨胀止水条等见表6.4-5，其中全站仪、经纬仪、水准仪、塔尺、墨斗、卷尺、电钻、钢垫片、套筒＋螺栓、坐浆料、砂浆铲、千斤顶、斜支撑、七字码等标准化工装系统详见表6.4-1及表6.4-4。

预制外挂墙板、飘窗标准化工装系统　　　　　　　表6.4-5

序号	工序名称	工装图片	工装名称	主要用途	控制要求
1	预制非承重构件定位放线	—	全站仪、激光水准仪、卷尺、墨斗	主要用途详见表6.4-1	控制要求详见表6.4-1
2	预制非承重构件凿毛	—	电钻、凿毛机	主要用途详见表6.4-4	控制要求详见表6.4-4
3	预制构件钢垫片及坐浆料铺设	—	钢垫片、套筒＋螺栓、坐浆料、砂浆铲	主要用途详见表6.4-4	控制要求详见表6.4-4
4	预制构件止水条安装		遇水膨胀止水条	用于预制非承重外墙板及飘窗防水	止水条尺寸为20mm×30mm
5	预制非承重构件安装	—	千斤顶、斜支撑、七字码、膨胀螺栓	主要用途详见表6.4-4	控制要求详见表6.4-4
6	预制非承重构件验收	—	靠尺、塞尺、直角钢尺、激光测距仪	主要用途详见表6.4-1	控制要求详见表6.4-1

3. 工装系统应用流程示意

（1）预制框架柱、预制剪力墙标准化工装应用流程（图 6.4-9）

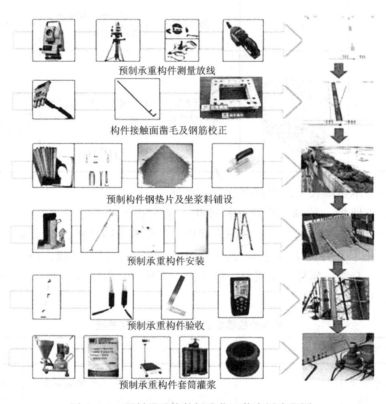

图 6.4-9　预制承重构件标准化工装应用流程图

（2）预制挂板、飘窗标准化工装应用流程（图 6.4-10）

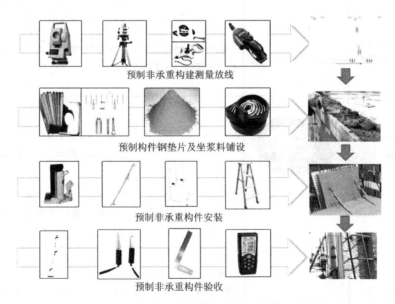

图 6.4-10　预制非承重构件标准化工装应用流程图

4. 预制竖向构件重点工装使用介绍

在预制竖向构件标准化工装系统中，根据装配工艺的需要，应重点控制钢筋定位框、坐浆料、斜支撑、七字码、灌浆机、灌浆料的选择，并应正确使用工装系统。

（1）钢筋定位框

钢筋定位框主要用于校正预制构件预留钢筋（图 6.4-11），钢筋定位框由钢板、方通焊接及套管焊接而成，钢筋定位框制作时应根据装配现场实际情况而定，应尽量轻便化，套管直径应选择 $D+10\mathrm{mm}$（D 为钢筋直径）。

图 6.4-11　钢筋定位框示意

（2）坐浆料

预制承重构件与楼板之间采用坐浆料进行封堵，坐浆料应选择市面上较为成熟的商品砂浆，其坐浆料强度应大于预制承重构件一个等级，且不小于 C30，坐浆料需封堵密实，坐浆料铺设时其厚度不宜大于 20mm。

（3）斜支撑

临时固定斜撑分为两种，即伸缩式调节支撑（图 6.4-12）、双丝式可调节支撑（图 6.4-13），其中伸缩式调节支撑调节范围分别为 0.5～0.8m、0.7～1.2m、1.6～2.9m、1.7～3.0m、1.8～3.2m、2.0～3.5m，一般适用于装配式剪力墙结构，双丝式可调节斜支撑调节范围分别为 0.9～1.5m、2.1～2.7m，一般使用于装配式框架结构，斜杆材质为 Q235，外管直径 60mm，内管直径 48mm，斜杆支撑时角度 45°～55°，可周转 300 次左右。

图 6.4-12　伸缩式调节支撑示意

图 6.4-13　双丝式可调节支撑示意

（4）七字码

七字码主要用于调节预制承重构件水平位移，七字码由钢板及螺母焊接而成，装配现场使用时与螺栓配套使用，通过调节螺栓与七字码相对位置实现预制承重构件水平位移（图 6.4-14）。

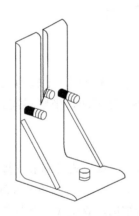

图 6.4-14　七字码安装示意

（5）灌浆机

灌浆机主要用于将灌浆料加压注入预制承重构件灌浆套筒内，灌浆机由加压泵、密闭注浆桶、注浆管、注浆枪组成（图 6.4-15），灌浆机应选择灌浆料专用灌浆机，灌浆机压力的选择，需根据装配现场施工工艺而定，对于分仓法注浆时，其灌浆机压力值需达到 1.2MPa 左右；坐浆法注浆时，其注浆机压力值需达到 0.8MPa，注浆管应根据注浆压力值而定。

（6）灌浆料

套筒灌浆料将钢筋与预制承重构件套筒通过钢筋套筒连接（图 6.4-16），形成整体传力，灌浆料应选择与灌浆套筒接头试验相匹配的灌浆料，套筒灌浆施工时，其外部环境温度不应大于 30℃，且不应小于 5℃，如超过此环境应采取相应的降温或保温措施。

图 6.4-15　灌浆机操作示意

图 6.4-16　预制承重构件套筒灌浆料示意

5. 预制竖向构件重点工装质量控制要点

（1）斜支撑、七字码质量控制要点

预制承重构件及预制非承重构件安装时，通过斜支撑调节预制构件垂直度，通过七字码控制预制构件水平位移，具体允许偏差见表 6.4-6。

装配式结构安装允许偏差

表 6.4-6

项　目		允许偏差	检验方法
构件垂直度	预制剪力墙、预制框架柱	＜5m　　5mm	水平尺、经纬仪、全站仪测量
		≥5m 且＜10m　　10mm	
		≥10m　　20mm	
构件中心线位置偏差	预制剪力墙、预制框架柱	10mm	尺量检查

（2）灌浆机、灌浆料质量控制要点

套筒灌浆技术性能见表 6.4-7。

套筒灌浆技术性能　　　　　　　　　　表 6.4-7

检测项目		性能指标
流动性（mm）	初始	≥300
	30min	≥260
抗压强度（MPa）	1d	≥35
	3d	≥60
	28d	≥85
竖向膨胀率（%）	3h	≥0.02
	24h 与 3h 差值	0.02～0.5
氯离子含量（%）		≤0.03
泌水率（%）		0

6.5　装配式混凝土结构外围护工装系统的应用

本文介绍装配式混凝土结构外围护系统包括爬架系统、三角挂架系统，其中爬架系统一般适用于高层装配式混凝土结构，三角挂架一般适用于多层装配式混凝土结构。

6.5.1　标准化爬架工装系统

标准化爬架工装由动力系统、支撑系统、防护系统、防坠系统、中控系统组成，其各系统介绍如下；

1. 各系统安装流程（图 6.5-1）

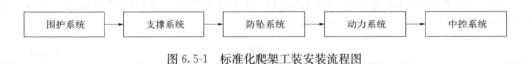

图 6.5-1　标准化爬架工装安装流程图

2. 爬架工装各系统

（1）外围护系统

标准化爬架工装外围护系统包括外围护架、走道板，具体外围护系统介绍详见表 6.5-1。

（2）支撑系统

爬架支撑系统由三角支撑座及导轨组成，具体支撑系统介绍详见表 6.5-2。

标准化爬架工装系统

表 6.5-1

序号	工序名称	工装图片	工装名称	主要用途	控制要求
1	围护系统		外围护架	外围护架由外防护网、水平桁架及扶手架组成，主要外围护形成封闭空间，使工人操作更加安全	外防护网宜采用钢板穿孔，钢板厚度不小于 0.7mm，穿孔率不低于 20%
2			走道板	走道板由钢花网及型钢焊接而成，主要用于工人在外围护架体上行走	钢花网及型钢需选用 Q235 钢材

爬架支撑系统

表 6.5-2

序号	工序名称	工装图片	工装名称	主要用途	控制要求
1	支撑系统		三角支撑座	三角支撑座通过高强螺栓与剪力墙连接，主要用于支撑外爬架	高强螺杆应根据受力计算选择螺栓直径
2			导轨	导轨与支座应配套使用，主要用于爬架爬升使用	导轨应采用 Q235 钢

（3）防坠系统

爬架防坠系统由防坠器、承载螺栓、垫片及保险弹簧组成，具体防坠系统详细介绍见表 6.5-3。

爬架防坠系统   表 6.5-3

序号	工序名称	工装图片	工装名称	主要用途	控制要求
1	防坠系统		防坠系统（防坠器、承载螺栓、垫片、保险弹簧）	防坠支撑与三角制作、导轨配套使用，主要用于防止爬架突然坠落	承载螺杆应满足架体荷载要求

（4）动力系统

爬架动力系统由电动葫芦组成，具体动力系统详细介绍见表 6.5-4。

爬架动力系统   表 6.5-4

序号	工序名称	工装图片	工装名称	主要用途	控制要求
1	动力系统		电动葫芦	主要用于提升架体的动力	电动葫芦的型号应根据现场具体情况选择

（5）中控系统

爬架中控系统由主电控箱、分电控箱、主电源线组成，具体详见表 6.5-5。

爬架中控系统   表 6.5-5

序号	工序名称	工装图片	工装名称	主要用途	控制要求
1	中控系统		中控系统	主要用于控制爬架爬升	中控系统应确保爬架同步爬升

3. 爬架系统应用流程（图 6.5-2）

图 6.5-2 爬架系统安装流程

4. 爬架系统使用

适用于装配式建筑的爬架系统由动力系统、支撑系统、防坠系统、外围护系统、中控系统组成，架体高宜采用 11m，覆盖结构 3.5 层（分别为预制构件安装层、铝模拆除层、外墙饰面层），脚手板为 4 道，最底部脚手板为定型钢板式脚手板，面覆 1.5mm 厚花纹钢板，其上三步均间距 3m，均为定型钢板网脚手板，第二至四步每步脚手板下设斜撑一道，外围护采用不小于 0.7mm 的钢板穿孔，穿孔率达 20% 以上，具体详见图 6.5-3。

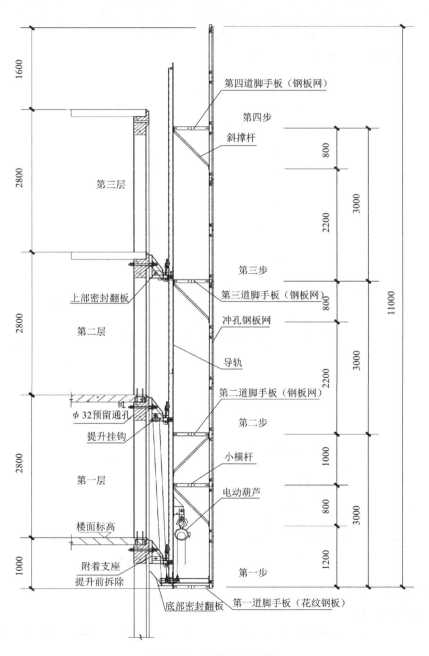

图 6.5-3　爬架立面示意

爬架导轨上附着 3 个支座，升降过程中每机位处不少于 2 个支座，每个支座上均设有防坠器。支座上设有与导轨相配合的导向滚轮，导向滚轮与导轨的间隙为 5mm，以此起到架体防倾作用。

6.5.2 工具式三角挂架工装系统

工具式三角挂架由角钢及安全网焊接而成，三角挂架通过螺栓（埋件）与预制外墙板连接，形成外墙围护。架体由模块模数化单元组成，各部件标准化；架体自重轻，构造简单；可在地面组装完毕后再提升也可分片跟随预制墙体同时提升。

1. 工具式三角挂架流程（图 6.5-4）

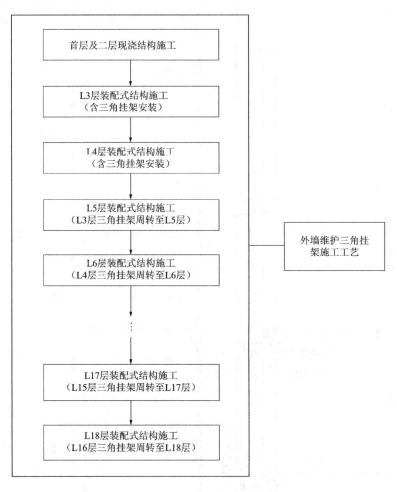

图 6.5-4　工具式三角挂架施工流程图

2. 工具式三角挂架各系统介绍

（1）外围护系统

工具式三角挂架工装外围护系统包括外围护架、走道板，具体外围护系统介绍详见表 6.5-6。

标准化爬架工装系统 表 6.5-6

序号	工序名称	工装图片	工装名称	主要用途	控制要求
1	围护系统		外围护架	外围护架由外防护钢丝网片、水平及竖向桁架组成，主要外围护形成封闭空间，使工人操作更加安全	外防护钢丝网片网格间距 30mm×30mm，钢丝粗3mm，高度不低于 1800mm
2			操作平台	操作平台由钢丝网片及方钢焊接而成，主要用于工人在外侧操作	方钢需选用 Q235 钢材

（2）支撑系统

支撑系统由三角支撑座及导轨组成，具体支撑系统介绍详见 6.5-7。

爬架支撑系统 表 6.5-7

序号	工序名称	工装图片	工装名称	主要用途	控制要求
1	支撑系统		三角支撑座	三角支撑座通过高强螺栓与剪力墙连接，主要用于支撑三角挂架	高强螺杆应根据受力计算选择螺栓直径

（3）防坠系统

防坠系统由防坠器、承载螺栓、垫片及保险弹簧组成，具体防坠系统详细介绍见表 6.5-8。

爬架防坠系统 表 6.5-8

序号	工序名称	工装图片	工装名称	主要用途	控制要求
1	防坠系统		穿墙螺栓	穿墙螺栓将三角挂架与剪力墙连接，防止架体倾覆、坠落	穿墙螺杆规格应满足架体荷载要求

（4）动力系统

工具式三角挂架构造简单，自身不具备动力系统，需借助塔式起重机实现安拆、升降，具体动力系统详细介绍见表 6.5-9。

动力系统 表 6.5-9

序号	工序名称	工装图片	工装名称	主要用途	控制要求
1	动力系统		塔式起重机	主要用于架体的安装、提升、拆除	塔式起重机的型号应根据现场具体情况选择

3. 工具式三角挂架系统使用介绍

预制剪力墙结构 18 层以下外墙围护宜采用工具式三角挂架施工，建议采用两套（即两层三角挂架），供现场施工流水作业使用；具体三角挂架设计及验算需根据项目具体情况而定，三角挂架设计及验算须体现在设计方案中。预制外墙板吊装前，在地面将三角挂架安装至预制外墙板上，安装完成后，三角挂架与预制外墙板一同吊装至楼层上，对楼层内施工人员起到安全围护作用。具体如图 6.5-5 所示。

图 6.5-5 工具式三角挂架立面示意

7 装配式混凝土结构施工信息化应用技术

7.1 基于 BIM 的施工信息化技术

装配式建筑的核心是建筑、结构、机电、装修一体化，设计、加工、装配一体化两个一体化的协同工作，而以信息协同、共享为理念的 BIM 技术能够加速装配式建筑和信息化的融合，从而实现两个一体化的协同管理，提升装配式建筑工程总承包管理水平。

装配式建筑施工阶段是装配式建筑全生命周期中建筑物实体从无到有的过程，是与设计及生产阶段同时发生信息交互的环节，也是建筑全生命周期中最为关键和复杂的阶段。装配式建筑施工管理的核心是保障项目在既定的进度工期内，高质量、保安全地完成合同内所签订的内容，并且把控项目成本，最终实现利润最大化。项目管理的内容则包含了对进度、成本、合约、技术、质量、安全、劳务等多方面的把控。

BIM 是工程项目的数字化信息的集成，通过在 3D 建筑空间模型的基础上叠加时间、成本信息，实现从 3D 到 4D、5D 的多维度表达，最终形成集成建筑实体、时间和成本多维度的 5D-BIM 应用。毫无疑问，BIM 技术的应用理念和装配式建筑施工管理的思路不谋而合。因此需要在总承包的发展模式下，建立以 BIM 模型为基础的建筑信息云平台，集成 RFID/二维码的物联网、移动终端等信息化创新技术，实现装配式建筑在施工阶段信息交互和共享，形成全过程信息化管理，提高管理效率和水平，确立智慧建筑的信息数据基础。

基于 BIM 的信息共享、协同工作的核心价值，以进度计划为主线，以 BIM 模型为载体，以成本为核心，将各专业设计模型在同一平台上进行拼装整合，实现施工管理中全过程全专业信息数据在建筑信息模型中不同深度的集成，以及快速灵活的提取应用；通过多维度和多专业的信息交互、现场装配信息同设计信息和工厂生产信息的协同与共享、信息数据的积累等功能，实现基于 5D-BIM 的装配式建筑项目进度、成本、施工方案、工作面、质量、安全、工程量、碰撞检查等数字化、精细化和可视化管理，将装配式建筑的现场装配真实的还原为虚拟装配，从而提高项目设计及施工的质量和效率，减少后续实施阶段的洽商和返工，保障项目建设周期，节约项目投资。

7.2 基于 BIM 的装配施工总平面布置模拟

装配式建筑装配施工过程中，装配阶段、现浇阶段以及装饰装修阶段交叉进行，对项目的组织协调要求越来越高，项目周边环境的复杂往往会带来场地狭小、基坑深度大、周边建筑物距离近、绿色施工和安全文明施工要求高等问题，并且有时施工现场作业面大，各个分区施工存在高低差，现场复杂多变，容易造成现场平面布置不断变化，且变化的频率越来越高，给项目现场合理布置带来困难。BIM 技术的出现给平面布置工作提供了一个很好的方式，通过应用工程现场设备设施"族资源"，在创建好工程场地模型与建筑模型后，将工程周边及现场的实际环境以数据信息的方式关联到模型中，建立三维的现场场地平面布置，并通过参照工程进度计划，可以形象直观地模拟各个阶段的现场情况，灵活地进行现场平面布置，实现现场平面布置合理、高效（图 7.2-1）。

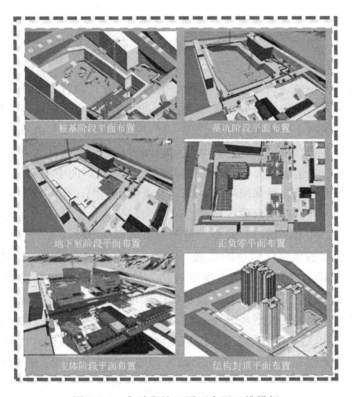

图 7.2-1　各阶段施工平面布置三维模拟

总平面布置模拟是基于建筑物 BIM 模型，利用 BIM 技术对现场平面的道路、塔式起重机、堆场、临设建筑、临水临电等进行建模，形成总平面管理模型。通过总平面管理模型和施工进度结合对施工场地布置方案中的碰撞冲突进行量化分析，构建出更优化的施工场地动态布置方案。

总平面布置模拟是基于建筑物 BIM 模型，利用 BIM 技术对项目各施工阶段的三维场地布置 BIM 模型进行项目施工部署，综合考虑塔式起重机定位、道路运输、构件堆放等因素对构件吊装工期的影响，形象直观，动态反映了各施工阶段最佳的场地布置状态。统筹确定施工区域和场地面积，尽量减少物料的二次倒运，减少专业工种之间的交叉作业。通过总平面管理模型和施工进度结合对施工场地布置方案中的碰撞冲突进行量化分析，构建出更优化的施工场地动态布置方案。

施工总平面布置原则是根据现有的场地条件和发包人的规划，结合场内外交通线路，按照工程施工的需要，进行施工生产、生活营地的规划、设计、修建与管理；充分考虑工程施工期安全、环保和文明施工方面的要求；施工营地规划做到布置整齐合理、外表美观，营地布置本着有利生产、方便生活、易于管理的原则，并严格执行有关消防、卫生和环境保护等专门规定；施工机械布置做到能充分发挥施工设施的生产能力，满足施工总进度和施工强度的要求；施工程序安排，尽可能减少彼此作业时的相互干扰；施工营地设置有效的防护和排水系统，满足场地的防护和排水要求；场内施工道路布置保证平整畅通；减少噪声、粉尘对周围宿舍办公室的影响；周边环境及场内有限空间的美化、绿化。

1. 临时建筑布置

项目办公生活区临时建筑包括门卫室、办公楼、宿舍楼、食堂、卫生间、浴室、会议室、活动室、晾晒棚等，根据项目规模、管理和施工人员数量、场地特点以及公司 CI 标准要求进行布置。在具体布置中，利用现有的施工场地条件，合理布局、统筹安排，确保各施工时段内的施工均能正常有序进行。同时尽量少占耕地，对施工区及周围环境进行有效的保护。临建设施布置原则上力求合理、紧凑、厉行节约、经济实用，方便管理，确保施工期间各项工程能合理有序，安全高效地施工。运用 BIM 软件中日照分析功能，对临建在不同时刻、不同季节的日照情况进行分析。根据分析结果调整办公生活区的朝向与楼栋间距，对比布置出较合理的方案，保证日照时间充足，减少灯具和空调使用时间，达到绿色节能的目的。

2. 临时道路布置

道路规划宜从确定大宗材料、预制构件和生产工艺设备运入施工现场的运输方式开始考虑，将场外交通引入现场。并在尽可能利用原有或拟建永久道路的情况下，通过 BIM 分析模型，优化确定场内运输道路的主次关系和相互位置，合理安排施工道路与场内地下管网间的施工顺序，分析确定场内运输道路宽度以及合理选择运输道路的路面结构。

3. 机械设备布置

基于 BIM 分析模型，塔式起重机的工作范围宜覆盖主体建筑及构件堆场位置，并且塔式起重机位置的选择应满足运输、装卸、吊装方便的要求。先建立主体结构模型，根据主体结构外部轮廓，并综合考虑材料运输、施工作业区段划分来进行塔式起重机与施工电梯的选型及定位。BIM 技术的运用，相比传统的在多张二维平面图上进行塔式起重机和施工电梯的布置，在三维视角中进行布置更加直观、便捷、合理。

在塔式起重机布置过程中，根据不同施工阶段模型展现的工况以及各楼栋开工竣工时间的不同，优化塔式起重机使用，使塔式起重机在施工现场内实现周转，对塔式起重机总投入进行优化。同样在施工电梯布置过程中，运用 BIM 技术形象直观的优化施工顺序，可减少塔式起重机、施工电梯的投入数量从而节省成本及资源。

4. 加工棚与材料堆场布置

堆场的位置应满足场外交通运输方式的要求，并通过 BIM 分析模型，优化堆场与道路、工厂之间构件的转运路径和转运量，科学合理地选择堆场位置（图 7.2-2）。构件堆场的面积应至少满足一个标准层的构件数量的存放。

根据项目实际情况利用 BIM 系统对现场平面、临设建筑、施工机具等进行建模，并模拟主体结构在建设过程各阶段、不同工况下现场平面的变化情况，通过 BIM 系统对各阶段、不同工况下平面布置的三维模拟，可最大限度地优化平面道路、原材料及构件堆场。在施工现场，不同专业在同一区域、同一楼层交叉施工的情况难以避免，对于一些超高层建筑项目，分包单位众多、专业间频繁交叉工作多，不同专业、资源、分包之间的协同和合理工作搭接显得尤为重要。同时需要把大的工作面划分为多个子工作面。工作面的大小的确定要掌握一个适度的原则，以最大限度地提高工人工作效率为前提来确定工作面的大小。

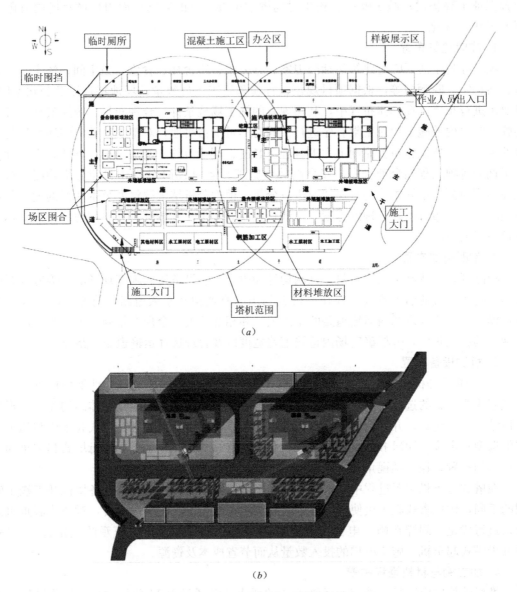

（a）

（b）

图 7.2-2　预制构件场地堆放规划

在工作面管理中，可通过 BIM 技术直观展示现场各个工作面施工进度开展状况，掌握现场实际施工情况，并跟踪具体的工序及施工任务完成情况、配套工作（技术、商务、物资、设备、质量、安全等）完成情况等。

可视化 BIM 模型可以直观展现各工作面实际工作情况与计划的对比。工作面管理的实现，为项目上协调各分包单位有效合理的开展施工工作提供了有力的数据支持，实现项目精细化管理。

基于 BIM 的可视化工作面划分的具体实施流程如下：

（1）创建项目可视化施工信息模型。装配现场施工前期，根据项目实际情况利用 BIM 技术对建筑主体结构、现场平面、临设建筑、施工机具等进行建模，并模拟主体结构在建设过程不同工况下现场平面的变化情况。

（2）分解项目施工信息模型。通过 BIM 技术明确装配式建筑各构件的归属分类，明确各标段、各分包单位的施工范围。并赋予每个构件统一的与分包单位有关的项目参数，标记施工企业名称。通过颜色来代表不同单位的工作面，在三维可视化环境下更直观更有效地进行工作任务的安排和进度计划的编制。

（3）划分工作面及施工顺序安排。在 BIM 可视化平台，将工作面划分成独立的管理区域，将各区域内所有进度、图纸、合同、分包管理等信息分区独立管理。

（4）通过 BIM 技术对不同工况下平面布置的三维模拟，最大限度地优化施工顺序，同时通过 BIM 三维动态模拟综合考虑各个工况下平面道路、原材料及构件堆场塔式起重机、施工电梯等垂直运输位置最优。

通过可视化的平面管理，结合各专业 BIM 模型既可以进行专业内部的施工段划分，也可以进行专业间的施工段安排，有效地同施工参与各方交流施工排序和布置。借助划分好的工作面可以对不同分包施工作业面交界处等关键部位进行三维可视化技术交底，在施工前经过确认协调后，明确权责归属，避免产生经济纠纷和施工扯皮的现象。在施工的所有阶段有效地生成临时设施、装配区域、材料配送的场地使用布置图。借助 BIM 模型可以对划分好的施工段进行材料堆场安排及运输路线规划，并可以通过 BIM 技术实时模拟分析，快速确认潜在的和关键的空间和时间冲突，及时优化方案。

7.3 基于 BIM 的施工方案模拟和技术交底

7.3.1 基于 BIM 的施工方案模拟

施工方案可视化模拟 BIM 应用主要是通过运用 BIM 技术，以三维模型为基础关联施工方案和工艺的相关数据来确定最佳的施工方案和工艺。通过制定出详细的施工方案和工艺，借助可视化的 BIM 三维模型直观地展现施工过程，通过对施工全过程中的构件运输、堆放、吊装及预拼装等专项施工工序进行模拟，验证方案和工艺的可行性，以便指导施工，从而加强可控性管理，提高工程质量，保证施工安全。

专项施工方案模拟应结合施工模型、施工方案等创建施工方案模型，并将工序安排、资源组织和平面布置等信息与模型关联，输出优化后的施工方案，指导模型、视频、说明文档等成果的制作。

专项施工方案模拟前应制订方案初步实施计划，形成方案的施工顺序和时间安排。根据模拟需要将施工项目的工序安排、资源组织和平面布置等信息附加或关联到模型中，并按施工方案流程进行模拟。

专项施工方案模拟中的工序安排模拟通过结合项目施工工作内容、工艺选择及配套资源等，明确工序间的搭接、穿插等关系，优化项目工序组织安排。资源组织模拟通过结合施工进度计划、合同信息以及各施工工艺对资源的需求等，优化资源配置计划。平面组织模拟需结合施工进度安排，优化各施工阶段的塔式起重机布置、现场车间加工布置以及施工道路布置等，满足施工需求的同时，避免塔式起重机碰撞、减少二次搬运、保证施工道路畅通等问题。

装配式建筑专项施工方案模拟主要应包括对预制构件运输、堆放、吊装及预拼装等施工方案的模拟、土方工程施工方案模拟、模板工程施工方案模拟、临时支撑施工方案模拟、临时支撑施工方案模拟、大型设备及构件安装方案模拟、复杂节点施工方案模拟、垂直运输施工方案模拟、脚手架施工方案模拟等。

预制构件运输、堆放、吊装及预拼装等施工方案的模拟对象为混凝土预制构件、钢结构预制构件、机电预制构件及幕墙等，可综合分析构件运输、堆放、吊装、连接件定位、拼装部件之间的搭接方式、拼装工作空间要求以及拼装顺序等因素，检验施工工艺的可行性及预制构件加工精度，并可进行可视化展示和施工交底。

土方工程施工方案模拟可通过综合分析土方开挖量、土方开挖顺序、土方开挖机械数量安排、土方运输车辆运输能力、基坑支护类型及对土方开挖要求等因素，优化土方工程施工方案，并可进行可视化展示或施工交底。

模板工程施工方案模拟可优化确定模板数量、类型、支设流程和定位、结构预埋件定位等信息，并可进行可视化展示或施工交底。

临时支撑施工方案模拟可优化确定临时支撑位置、数量、类型、尺寸和受力信息，可结合支撑布置顺序、换撑顺序、拆撑顺序进行可视化展示或施工交底。

大型设备及构件安装方案模拟可综合分析墙体、障碍物等因素，优化确定对大型设备及构件到货需求的时间点和吊装运输路径等，并可进行可视化展示或施工交底。

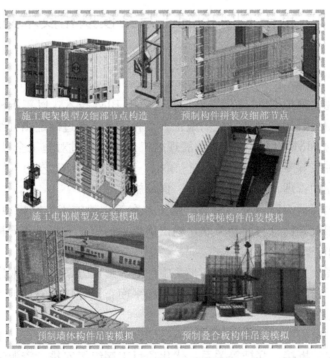

图 7.3-1　施工方案模拟

复杂节点施工方案模拟可优化确定节点各构件尺寸，各构件之间的连接方式和空间要求，以及节点的施工顺序，并可进行可视化展示和施工交底。

垂直运输施工方案模拟可综合分析运输需求，垂直运输器械的运输能力等因素，结合施工进度优化确定垂直运输组织计划，并可进行可视化展示或施工交底。

脚手架施工方案模拟可综合分析脚手架组合形式、搭设顺序、安全网架设、连墙杆搭设、场地障碍物等因素，优化脚手架方案，并可进行可视化展示或施工交底。

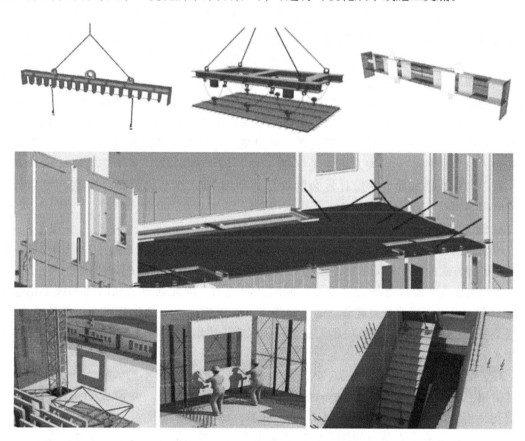

图 7.3-2 复杂构件及节点预吊装

在施工方案模拟过程中宜将涉及的时间、工作面、人力、施工机械及其工作面要求等组织信息与模型进行关联。在进行施工方案模拟过程中应及时记录出现的工序安排、资源配置、平面布置等方面不合理的问题，形成施工方案模拟问题分析报告等指导文件。施工方案模拟后宜根据模拟成果对工序安排资源配置、平面布置等进行协调、优化，并将相关信息更新到模型中。

在专项施工方案模拟前应明确所涉及的模型范围，根据模拟任务需要调整模型，并满足下列要求：

（1）模拟过程涉及空间碰撞的，应确保足够的模型细度及工作面范围。

（2）模拟过程涉及其他施工穿插，应保证各工序的时间逻辑关系。

（3）模型还应满足除上述（1）、（2）款以外对应专项施工方案模拟的其他要求。

7.3.2 基于 BIM 的技术交底

1. 设计交底

由于装配式建筑构造和各专业设计相对复杂，项目实施过程中的新技术、新工艺和新材料较多，因此让一线施工操作人员正确而有效地理解设计意图十分必要。而传统的设计交底主要依靠的平台是 2D 设计图纸，信息传递的效率和准确性较低。为了提高设计交底的效率和准确性，项目管理人员可以通过集成了各专业信息的三维 BIM 模型，高效浏览建筑模型中各专业复杂节点和关键部位。管理人员还可以使用漫游、旋转、平移、放大、缩小等通用的浏览功能。同时还可对模型进行视点管理，即在自己设置的特定视角下观看模型，并在此视角下对模型进行关键点批注、文字批注等操作。保存视点后，可随时点击视点名称切到所保存的视角来观察模型及批注，方便设计人员对施工管理人员进行设计交底。另外，模型中还可以根据需要设置切面，对模型进行剖切，展示复杂节点中各专业施工的空间逻辑关系。通过基于三维模型的设计交底，可以让项目施工管理人员直观理解交底涉及的所有关键部位，极大地提高了设计交底的准确性和效率。对于广州东塔如此大体量且复杂的项目，利用 BIM 模型进行设计交底，更加凸显了三维模型设计交底的优势。

2. 施工组织交底

传统的施工组织交底是施工组织设计书，以文字和图片形式表达施工组织的意图。这种信息传递方式的效率较低。对于结构复杂、新技术难点较多的装配式建筑项目，传统的施工组织交底更是难以保证交底效果，同时耗时耗力。因此通过关联时间和成本信息的 BIM 模型，可以直观地对关键节点的工序排布、施工难点作以优化并进行三维技术交底，使施工人员了解施工步骤和各项施工要求，确保施工质量和效率。下图为铝模安装三维模型技术交底（图 7.3-3）。

对装配式建筑而言，一般劳务队伍对装配式施工要求了解不够，技术水平不足，可通过借用 BIM 技术模拟施工做法，采用三维演示向劳务交底，并形成知识库。与传统纸质交底相比，三维可视化交底具有直观明了、易于理解等优点。使用三维可视化交底，可以让现场施工人员更加深入的理解交底内容，提升施工质量。如预制装配结构对节点连接要求较高，即使 PC 板连接发生细小的位移，也很有可能造成其他 PC 板无法定位施工。针对 PC 板之间的连接件和复杂节点，利用 BIM 技术的可视化优点，放大展示施工节点，用做施工前交底，以保证施工的准确性。虚拟施工使施工变得可视化，这极大地便利了项目参与者之间的交流，特别是不具备工程专业知识为主的人员，通过施工模拟，可以增加项目参与各方对工程内容及完成工程保证措施的了解。施工过程的可视化，使 BIM 成为一个便于施工参与各方交流的沟通平台。通过这种可视化的模拟缩短了现场工作人员熟悉项目施工内容、方法的时间，减少了现场人员在工程施工初期犯错误的几率。还可加快、加深对工程参与人员培训的速度及深度，真正做到质量、安全、进度、成本管理和控制的人人参与。针对现场安全防护进行 BIM 三维交底、做到规范化、标准化、可视化施工，使得现场作业人员更加明确，管理人员交底变得更加简单。

BIM 的可视化是动态的，施工空间随着工程的进展会不断地变化，它将影响到工人的工作效率和施工安全。通过可视化模拟工作人员的施工状况，可以形象地看到施工工作面、施工机械位置的情形，并评估施工进展中这些工作空间的可用性、安全性。

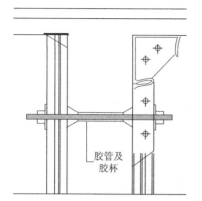

图 7.3-3　铝模安装三维模型技术交底

7.4　基于 BIM 的进度控制

7.4.1　技术简介

项目进度计划管理是在项目实施过程中，对项目各阶段的进展程度和项目最终完成时间的期限所进行的管理。项目管理者围绕着项目目标工期的要求拟定出合理且经济的进度计划，并且在实施过程中不断检查实际进度与计划进度的偏差，在分析偏差的原因的基础上，不断地调整、修改计划直至工程竣工交付使用。通过 BIM 虚拟施工技术的应用，项目管理者可以通过可视化效果直观的了解项目计划进度的实施过程，从而能为编制及优化进度计划提供更有效的支持。同时通过二维码/RFID 等物联网技术的应用对现场装配施工进度进行实时采集，并将实际进度信息关联到 BIM 进度模拟模型中，从而实现了现场可视化的进度实时管理。此外，可视化的施工进度与计划进度实时对比也为项目计划分析和调整提供了可靠的数据支持，供项目管理者进行决策（图 7.4-1）。

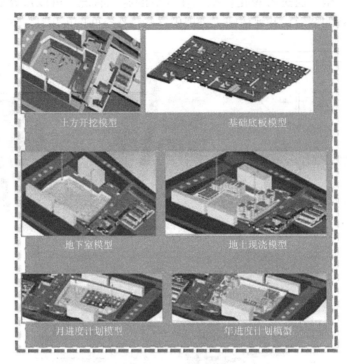

图 7.4-1　基于 BIM 的进度控制模型

与传统的进度管理方法相比，基于 BIM 的进度控制主要有以下优势：

1. 提前预警

基于 BIM 的进度控制，通过反复的施工过程模拟，可以使在施工阶段可能出现的问题提前暴露在模拟的环境中，暴露出来问题后，我们就可以逐一修改，并提前制定应对措施，使进度计划和施工方案最优，再用来指导实际的项目施工，从而保证项目施工的顺利完成，显著提高计划的可实施性。

2. 可视性强

BIM 的设计成果是高仿真的三维模型，设计师可以从自身或业主、承包商、顾客等不同角度进入到建筑物内部，对建筑进行细部检查；可以细化到对某个建筑构件的空间位置、三维尺寸和材质颜色等特征进行精细化的修改，从而提高设计产品的质量，降低因为设计错误对施工进度造成的影响；还可以将三维模型放置在虚拟的周围环境之中，环视整个建筑所在区域，评估环境可能对项目施工进度产生的影响，从而制定应对措施，优化施工方案。

3. 信息完整

BIM 模型不是一个单一的图形化模型，它包含着从构件材质到尺寸数量，以及项目位置和周围环境等完整的建筑信息。通过将建筑模型附加进度计划的虚拟建造，可以间接地生成与施工进度计划相关连的材料和资金供应计划，并在施工阶段开始之前与业主和供货商进行沟通，从而保证施工过程中资金和材料的充分供应，避免因资金和材料的不到位对施工进度产生影响。另外，信息的完整性也有助于项目决策迅速执行。

4. 动态实时反馈

借由二维码/RFID 等物联网技术与 BIM 技术的集成，装配现场的实时进度可以通过操作人员的扫码行为实现即时录入而无需手工输入，从而实现了现场进度的动态实时管理（图 7.4-2）。

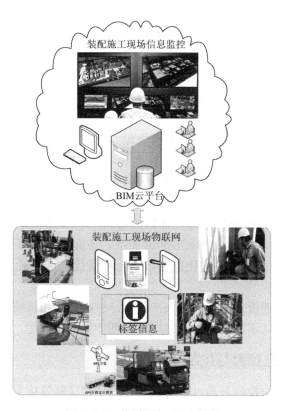

图 7.4-2　物联网与 BIM 集成

7.4.2　基于 BIM 的施工进度计划的模拟、优化

可基于项目特点创建工作分解结构（WBS），通过将编制的进度计划与 BIM 模型相关联，形成进度模拟模型。在三维可视化的环境下检查进度计划的时间参数是否合理，即各工作的持续时间是否合理，工作之间的逻辑关系是否准确等，从而对项目的进度计划进行检查和优化，最终确定最优的施工进度计划方案。基于进度模拟模型关联实际进度信息，完成计划进度与实际进度的对比分析，并可基于偏差分析结果调整进度管理模型。

进度计划编制中，将项目按整体工程、单位工程、分部工程、分项工程、施工段、工序依次分解，最终形成完整的工作分解结构，并满足下列要求：

（1）工作分解结构中的施工段可表示施工作业空间或局部模型，支持与模型关联。

（2）工作分解结构宜达到可支持制定进度计划的详细程度，并包括任务间关联关系。

（3）在工作分解结构基础上创建的信息模型应与工程施工的区域划分、施工流程对应。

根据验收的先后顺序，明确划分项目的施工任务及节点，按照施工部署要求，确定工作分解结构中每个任务的开、竣工日期及关联关系，并确定下列信息：

（1）里程碑节点及其开工、竣工时间。

（2）结合任务间的关联关系、任务资源、任务持续时间以及里程碑节点的时间要求，编制进度计划，明确各个节点的开竣工时间以及关键线路。

创建进度模拟模型时，应根据工作分解结构对导入的施工模型进行切分或合并处理，并将进度计划与模型关联。同时基于进度模拟模型估算各任务节点的工程量，并在模型中附加或关联定额信息。

通过进度计划审查形成最终进度模拟模型之前需要进行进度计划的优化，进度计划优化宜按照下列工作步骤和内容进行：

（1）根据企业定额和经验数据，并结合管理人员在同类工程中的工期与进度方面的工程管理经验，确定工作持续时间。

（2）根据工程量、用工数量及持续时间等信息，检查进度计划是否满足约束条件，是否达到最优。

（3）若改动后的进度计划与原进度计划的总工期、节点工期冲突，则需与各专业工程师共同协商。过程中需充分考虑施工逻辑关系，各施工工序所需的人、材、机，以及当地自然条件等因素。重新调整优化进度计划，将优化的进度计划信息附加或关联到模型中。

（4）根据优化后的进度计划，完善人工计划、材料计划和机械设备计划。

（5）当施工资源投入不满足要求时，应对进度计划进行优化。

7.4.3　施工进度信息预警与控制

施工进度信息预警与控制是通过采用移动终端及物联网等技术对实际进度的原始数据进行收集、整理、统计和分析，并将实际进度信息关联到进度模拟模型中实现的。

预制构件装配施工时，为了使预制构件安装能够按计划有序进行，BIM 系统中的信息模型与构件运输、堆放及安装等计划进度相关联，并通过可以实时采集装配现场的信息的物联网技术（RFID/二维码）等来获得实际进度，通过在进度控制可视化模型中检查实际进度与计划进度的偏差，BIM 系统会预警提醒现场管理人员预制构件运输、堆放及安装是否滞后，同时，BIM 计划与现场施工日报相关联，通过日报信息可快速查询现场工期滞后原因，结合滞后原因进行偏差分析并修改相应的施工部署，并编制相应的赶工进度计划。

施工单位需要实时掌握订制构件的到场情况，在施工现场的入口处安装门式阅读器，以便在预制构件进场阶段，运输车辆进场后，第一时间读取构件进场信息。系统将根据进场构件的种类、数量以及时间制定或调整施工计划。

构件在进行装卸时，可在龙门吊、轮式吊车等装卸设备上安装 RFID 阅读器和 GPS 接收器，实时定位构件的装卸地点和移动位置。构件卸放至堆场后，堆场中需要设置 RFID 固定阅读器，读取每个构件信息，将构件与 GPS 坐标相对应，根据阅读器的读取半径，规划阅读器安装位置，以保证堆场内没有信号盲区。现场系统管理人员可通过系统，实时查询构件的定位信息，实现构件位置的可视化管理。

同时根据施工计划，需要提前在堆场中找到目标构件，堆场管理人员通过 WLAN 网络，利用装有 RFID/二维码阅读器和 WLAN 接收器的移动终端，快速、准确定位到需要吊装及安装的构件，并可读取 RFID/二维码标签中构件基本信息，核实构件（图 7.4-3、图 7.4-4）。

图 7.4-3　施工进度实时监控

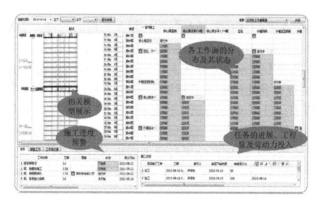

图 7.4-4　形象进度分析

7.5　基于 BIM 的成本控制

7.5.1　技术简介

BIM 的成本控制主要基于 5D-BIM 技术。5DBIM 是在 3D 建筑信息模型基础上，融入"时间进度信息"与"成本造价信息"，形成由 3D 模型＋1D 进度＋1D 造价的五维建筑信息模型。5D-BIM 集成了工程量信息、工程进度信息、工程造价信息，不仅能统计工程量，还能将建筑构件的 3D 模型与施工进度的各种分解工作（WBS）相链接，动态地模拟施工变化过程，实施进度控制的实时监控。

BIM 技术在处理实际工程成本核算中有着巨大的优势。基于 BIM 可视化模型，利用清单规范和消耗量定额确定成本计划并创建成本管理模型，同时通过计算合同预算成本和集成进度信息，定期进行成本核算、成本分析、三算对比等工作。成本管理的目的是将成本与图形结合，在成本分析文件中提供最直观最形象的可视化建筑模型作为依据，实现图形变化与成本变化的同步，充分利用建筑可视化模型进行成本管理。

基于 BIM 的实际成本核算方法，较传统方法具有极大优势，集中表现在以下方面：

（1）快速。由于建立基于 BIM 的 5D 实际成本数据库，汇总分析能力大大加强，速度快，短周期成本分析变得精准、快捷，工作量小、效率高。

（2）准确。成本数据动态维护，准确性大大提高，通过总量统计的方法，消除累积误差，成本数据随进度进展准确度越来越高。另外通过实际成本 BIM 模型，很容易检查出哪些项目还没有实际成本数据，监督各成本实时盘点，提供实际数据。

（3）分析能力强。可以多维度（时间、空间、WBS）汇总分析更多种类、更多统计分析条件的成本报表。

（4）提升企业成本控制能力。将实际成本 BIM 模型通过互联网集中在企业总部服务器。企业总部成本部门、财务部门就可共享每个工程项目的实际成本数据，实现了总部与项目部的信息对称，总部成本管控能力大为加强。

7.5.2　进度及成本的关联

工程施工进度与成本之间存在着相互影响、相互制约的关系。加快施工速度，缩短工期，资源的投入就会相应增加，因此应根据项目特点和成本控制需求，编制不同层次（整体工程、单位工程、单项工程、分部分项工程等）、不同周期的成本计划。

利用 BIM 技术进行可视化成本核算能够及时准确地获取各项物资财产实时状态。在BIM 可视化成本核算中，可以实时的把工程建设过程中所发生的费用按其性质和发生地点，分类归集、汇总、核算，计算出该过程中各项成本费用发生总额并分别计算出每项活动的实际成本和单位成本，并将核算结果与模型同步，并通过可视化图形进行展示。及时准确的成本核算不仅能如实反映承包商施工过程以及经营过程中的各项耗费，也是对承包商成本计划实施情况的检查和控制。从而实现进度与成本的相互关联，达到综合最优的效果。

7.5.3　工程量、成本预算的信息化管理

利用 BIM 模型与算量计价软件深度结合，各建模软件创建的专业 BIM 模型可直接进行算量和计价工作，BIM 模型集成了实体进度的带价工程量信息，系统能识别并自动提取建筑构件的清单类型和工程量等信息，自动计算实体进度建筑构件的资源用量及综合总价。同时满足在平台中查询模型的基本工程量、总包清单量及分包清单量。项目进度管理人员只需简单的操作，就可以按楼层、进度计划、工作面及时间维度查询施工实体的相关工程量及汇总情况。这些数据为物资采购计划、材料准备及领料提供相应的数据支持。

项目管理人员使用快速获取实体进度工程量功能之后，可以实时掌握工程量的计划完工和实际完工情况。同时提高了实体进度工程量和成本支出计算的效率，为工程管理追踪施工材料使用情况以及成本核算提供了数据支持。便于管理人员预备下一阶段的施工材料和运转资金。

在 BIM 成本控制中，应建立统一的成本核算项目，将收入清单、生产进度、支出清单与 BIM 模型建立关联，实现了动态的、自动化的、可视的收入、预算成本及实际成本的三算对比。成本管理人员无需进行耗时的人工核算，便可以进行实时的三算可视化对比分析。管理人员就能够较为容易发现成本管理的问题，进而制定和实施相关的调整与修正措施，提高管理效率和质量。

总之，基于 BIM 的成本控制解决方案，其核心内容是利用 BIM 软件技术、造价软件、项目管理软件、FM 软件，创造出一种适合于中国国情的成本管理整体解决方案。该方案也涵盖了设计概算、施工预算、竣工决算、项目管理、运营管理等所有环节的成本管理模块，构成项目总成本控制体系。

7.6 基于 BIM 的合同管理

7.6.1 合同管理

合同管理 BIM 应用是基于 BIM 模型的精准算量、成本和进度管理的综合信息，实现对合同进行系统性、动态性的管理。主要包括合同登记管理、变更签证管理、报量结算管理、合同台账管理、合约规划五个方面。通过 BIM 技术的应用可以实现：（1）为合同管理各环节（变更算量；业主报量、分包报量审核；竣工结算、分包完工结算审核）提供了便捷、准确的工程量计算；（2）为合同相关管理提供配套工作项，推动项目各部门的协同工作；（3）提供合同条款的分类、检索和快速定位的功能。

基于 BIM 模型，通过模型和实体进度的关联，实时查询合同执行进度情况，通过 BIM 技术可以自动计算当期实体量，实现快速提取当期报量清单明细，提高报量工作效率，并为业主、分包报量和工程结算提供数据支撑。同时将报量、变更、签证等相关信息和合同相关联，从而自动跟踪合同完成情况，对合同变更部分进行监控（图 7.6-1）。

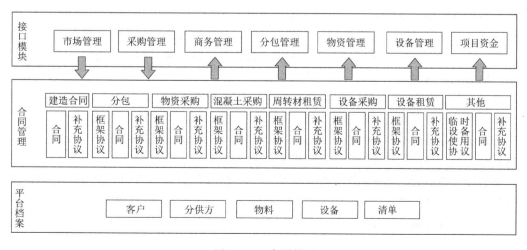

图 7.6-1　合同管理

7.7　基于 BIM 的劳务管理

装配式混凝土结构标准化的施工模式对装配式施工队人员的管理提出了很高的要求。劳务管理的 BIM 应用是将劳务管理系统作为 BIM 系统的子系统，是对现场的劳务人员进行信息化管理的 BIM 应用，主要包括：劳务人员名册管理、劳务队伍进退场及在场管理、劳务人员考勤管理、劳务人员工资管理。通过将以上管理信息记录和统计，更为有效地对劳务队伍进行系统化的动态管理。

确立劳务分包单位后，在系统内建立劳务人员名册，包括劳务单位的基本信息（如单位名称、单位类别、资质等级、法人、银行账号、联系人、联系电话、地址）及人员详细信息（如单位名称、人员姓名、年龄、性别、身份证号、工种）。同时根据劳务人员名册的数据，通过自动化集成门禁系统，记录各劳务队历次进场及退场时间、人数及人员详细信息，实现对劳务进退场及在场的动态管理（图 7.7-1）。

图 7.7-1　劳务信息化管理

劳务人员考勤管理可以用来查询各劳务队人员的出勤及累计工时汇总，通过表格形式和柱图形式直观地展示劳务人员考勤情况。

通过"劳务实名制应用系统"自动生成在场人员的二维码信息，将二维码芯片安装于安全帽内，并与现场用于接收二维码芯片信息的低频设备实现对接，确定管理人员与工人所在工地区域，同时显示现场人员分布。

劳务人员工资管理可以在 BIM 系统里录入或导入各劳务队人员月度工资明细，用以查询和管理各劳务队人员工资情况。

劳务管理是项目管理中的重要组成部分，基于 BIM 技术的劳务管理的基础是建立 5D 建筑信息模型，通过该模型计算、模拟和优化对应于各施工阶段的劳务、材料、设备等用量，从而建立劳动力计划和其他的资源需求，实现精细化的劳务管理。尤其是对于一些参与人员较多的复杂工程，采用基于 BIM 技术的劳务管理可以做到精细化管理，为整个项目的成本、进度控制奠定基础。

7.8 质量信息化管理技术

7.8.1 构件全过程质量信息追溯

全产业链的整合是建设装配式建筑的核心需求，从建筑供应链及装配式建筑生产流程角度分析，预制混凝土结构就是将混凝土结构拆分为众多构件单元（梁、柱、楼板、窗体等），在预制构件工厂加工成型，再由专业物流公司运输至施工现场，施工现场进行构件的吊装、支撑及安装，最后由各个独立的构件装配形成的整体式装配式结构。预制构件作为最核心的元素贯穿于整条装配式建筑建设供应链中，而实现对整个装配式建筑全产业链的质量管理和优化根本在于实现对构件全寿命周期的质量管理和优化。因此为保证装配式建筑建造过程的顺利进行，需要保证各阶段构件质量状态的数据及时采集、共享和分析。

7.8.2 基于信息化的构件全过程质量管理

基于信息化的构件全过程质量管理宜结合各阶段的实际情况和工作计划，对相应的质量控制点进行动态管理，并通过手持移动端及物联网等技术将现场质量管理信息实时传递给 BIM 模型，实现质量信息的实时采集、移动可视化管控及过程追溯。

装配式建筑材料采购、构件生产、装配施工全过程质量管理可包括以下内容：

（1）混凝土原材料（水泥、砂、石、外加剂、水）、钢筋、套筒灌浆连接等钢筋连接及锚固产品、预留钢筋盒等预制构件连接产品、夹心保温连接件、接缝密封胶等混凝土部品防护与接缝处理产品、外围护墙产品及连接固定件、隔墙板产品及连接固定件、界面剂产品、用于吊装及临时支撑所需的套管预埋件、预埋管线及其配件等、门窗部品及其配件等质量管理。

（2）预制构件加工、堆放、运输过程的质量控制管理，如生产过程中的钢筋绑扎、模板组装、混凝土浇筑、构件蒸养、构件堆放、构件运输等质量管理。质量管理人员宜通过移动终端和 RFID/二维码技术对预制构件生产的每道工序进行质量检验信息的实时采集，采集信息主要包括：模具安装检验信息、钢筋安装检验信息、预埋件安装等隐蔽工程检验信息、构件蒸养温度和湿度检验信息、构件脱模强度及混凝土质量等检验信息。检验过程中质量检验信息会自动上传至 BIM 系统与 BIM 模型里的构件信息相关联。可通过移动终端拍照并将影像技术文件自动上传，与 BIM 模型里的构件信息相关联，最终形成产品的档案信息，实现产品质量信息可追溯管理。

（3）结构关键部位施工质量控制管理，如预制构件的连接、预制构件与现浇混凝土结合界面、各类密封防水材料的施工质量缺陷评估及控制管理等。

同时基于 BIM 的构件质量全过程管理系统宜与政府相关部门的质监管理平台相关联，从而实现质量监管部门对构件质量信息实时监控（图 7.8-1）。

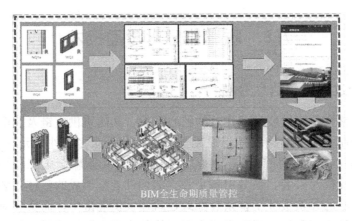

图 7.8-1 BIM 全生命期质量管控

7.9 安全监控信息化管理技术

传统管理模式下针对大型设备的管理监控一直存在盲区和管控不到位等问题，塔式起重机、施工升降机的监控问题尤为突出。为有效解决现场对大型设备无法监管或监控不到位等常见痛点，宜采用基于 BIM 的装配式建筑施工安全信息化管理平台，积极引入大型设备安全监控系统监控平台，通过实时查看运行记录、历史运行机理、设备告警查询及设备饼状图等方式实现了对大型设备安全监管的精细化管理（图 7.9-1、图7.9-2）。

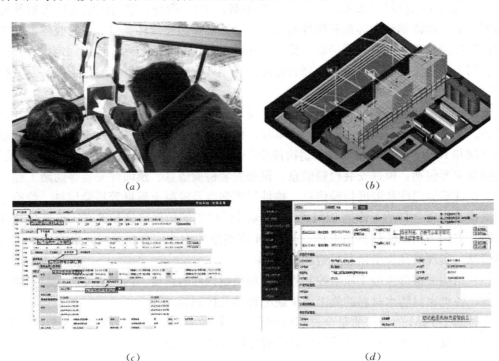

(a) (b)

(c) (d)

图 7.9-1 塔式起重机安全监控管理系统

(a) 塔式起重机安全监控主机；(b) 实时显示工作参数；

(c) 设备运行参数；(d) 设备信息及运行状态

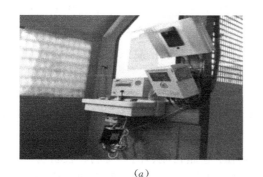 

（a）　　　　　　　　　　　　　（b）

 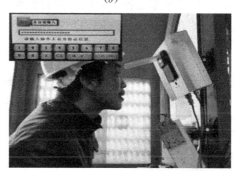

（c）　　　　　　　　　　　　　（d）

图 7.9-2　施工升降机安全监控管理系统

（a）升降机监控主机；（b）GPRS、虹膜识别系统；

（c）身份证信息对比；（d）后台监控管理系统

　　基于 BIM 的安全信息化管理是对施工现场重要生产要素进行可视化模拟及监控，通过对危险源的辨识和动态管理，加强安全策划工作，减少和消除施工过程中的不安全行为和状态，确保工程项目的效益目标得以实现。

　　基于 BIM 的可视化安全管理中，可以通过 RFID/二维码技术、WSN（无线传感器网络）技术获取相应现场安全监控及预警的实时位置信息、对象属性信息以及环境信息，有效跟踪施工现场的工人、材料、机械设备等，并在安全监控系统中反映出三维位置信息，监控建筑现场的施工过程。同时现场的各种用电设备如塔吊、电梯等的运行状态信息可以直观且实时的显示在安全管理系统中。

　　在现场安全危险区域设置与 BIM 系统关联的感应器，当人、施工机械进入了安全危险区域或者模板支撑体系、脚手架出现了安全隐患可以立即发现，并在安全预警系统中发出预警信号，及时通知现场管理者采取应对措施，有效地降低安全事故发生的概率。

7.10　基于 BIM 的全过程移动物联网技术

7.10.1　技术简介

　　建筑物生命周期的每个阶段都要产生信息的交互，而作为构成装配式建筑的最基本元素——构件，是作为建筑物最基本的信息载体，所有构件的信息的集合组成了建筑物的整体信息。对装配式建筑全生命周期的信息交互归根结底是对每个构件全生命周期的信息交互，对装配式建筑的全生命周期信息管理和追溯归根结底是对每个构件信息全生命周期的管理和追溯。此外在运维阶段，建筑物内的人与物成为主要的信息来源，需要基于建筑信息模型与建筑物产生信息交互和共享。

物联网技术是通过二维码识读设备、无线射频识别（RFID）装置、红外感应器、全球定位系统和激光扫描器等信息传感设备，按约定的协议，把任何物品与互联网相连接，进行信息交换和通信，以实现智能化识别、定位、跟踪、监控和管理的一种网络。时至今日，基于 RFID/二维码的物联网技术已经广泛应用于仓储物流、门禁管制、牲畜管理、移动支付、共享单车等各个领域，为我们的日常生活和工作带来了极大的方便和乐趣。而装配式建筑的出现为基于 RFID/二维码的物联网技术提供了更为广阔的应用空间（图 7.10-1）。

图 7.10-1　基于 RFID/二维码的移动物联网追溯体系

通过给构件贴上 RFID/二维码标签，如同给其佩戴上唯一的身份证，使得构件在生产—运输—装配—运维—拆除回收的各个阶段都被唯一识别。从而使对装配式建筑整体的管理变为对构件个体的管理。同时通过与移动技术和 BIM 模型轻量化技术的结合，相关人员可以手持移动端随时随地获取准确的构件信息和建筑信息，进而提高管理的效率和水平。

7.10.2　构件全过程质量信息追溯

基于 BIM 和 RFID/二维码的装配式建筑移动物联网系统架构是以 BIM 模型为核心，在建筑的生命周期内将 RFID/二维码技术实时收集的生产工厂、运输过程及施工现场的状态信息不断传递给 BIM 模型，形成信息交互，赋予 BIM 模型更多精确、详细的过程信息，形成 BIM 数据库。

RFID/二维码系统的优势在于数据的实时收集和传输，本质是对信息流、知识流的控制，而装配式建筑以工业化为发展目标，其发展途径是建造过程的信息化、智能化、可视化等。在设计基于 RFID/二维码的装配式建筑物联网系统之前，首先要进行装配式建筑物联网信息流分析，以下将总结装配式建筑在构件设计—生产—装配—运维全寿命周期管理活动中所涉及的数据和信息，建立装配式建筑物联网系统的信息流模型。

装配式建筑供应网络中存在众多结点企业，如项目业主、构件设计方、材料供应商和加工生产商、构件运输单位，安装施工单位等，在建造过程中构件安装施工单位在该网络中处于核心位置，是项目质量、进度和成本的直接把控方，与其他结点企业的联系最多，所需信息最多，信息流更加复杂。其中构件安装施工单位运行过程中信息来源主要分为：①构件设计信息；②工厂加工信息；③现场安装信息；④建筑运维信息。

①构件设计信息：该信息来自构件的深化设计阶段，设计人员在深化设计阶段根据构件厂及装配现场的要求深化 BIM 模型。预制构件物理属性信息相应形成，包括构件主物理属性信息和附加物理属性信息。其中主物理属性信息包括：构件类型、构件编号、构件位置、构件尺寸、构件重量、构件原材料（水泥、砂、石、外加剂、水、棒材钢筋、盘圆钢筋、埋件、套筒、机电管线、线盒、拉结件）等属性信息；附带物理属性信息包括预制构件生产所需模具、构件储存运输所需架体等信息。同时系统生成一个与该预制构件相关联的专属 ID，是该预制构件的身份证，这个 ID 应是构件所独有的，并应用在预制构件的建造全过程管理中。

②工厂加工信息：该信息以构件设计信息为基础，融合交互构件在生产管理、库存管理以及物流管理过程中产生的信息。主要包括构件的加工时间信息、加工材料信息、加工质量信息以及加工位置信息等。基于以上信息，构件加工厂根据装配现场施工进度，形成构件生产计划、排产计划、原材料采购计划、构件运输计划等信息。同时以上信息会反馈到施工计划中，成为调整施工计划参考的基础数据，从而形成了建造计划与生产计划之间的信息流。

③现场安装信息：该信息来自构件安装施工管理阶段，与项目施工计划紧密相连。通过对构件实时安装进度信息、构件实时位置信息以及构件安装质量监控信息的采集，实现对构件的安装进度管理、位置管理以及质量管理。通过以上管理，实现现场信息的动态管控和建造施工计划的实时调整，并根据施工计划的调整动态管理现场施工。在构件安装过程中通过对各阶段信息的及时采集和反馈，形成了建造施工计划与实际施工过程间的信息流。

④建筑运维信息：该信息以交付后的建筑物信息模型为基础，通过物联网技术将建筑本体与其内部的人和物品数据化、信息化，将数据化的人与物品同建筑信息模型发生交互，从而实现建筑物、人、物品之间信息的互联和共享。

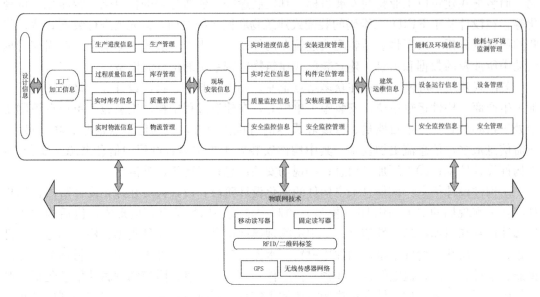

图 7.10-2　基于 BIM 的装配式建筑移动物联网系统信息流模型

7.11　基于 BIM 的 VR 技术

7.11.1　技术简介

虚拟现实（Virtual Reality，简称 VR）技术，是一种可以创建和体验虚拟世界的计算机仿真系统，它通过三维图形生成技术、多传感交互技术以及高分辨率显示等技术，生成三维逼真的虚拟环境，并综合利用计算机图形学、仿真技术、多媒体技术、人工智能技术、计算机网络技术、并行处理技术和多传感器技术，模拟人的视觉、听觉、触觉等感觉器官功能，使人能够沉浸在计算机生成的虚拟境界中，并能够通过语言、手势等自然的方式与之进行实时交互，创建了一种适人化的多维信息空间。

BIM 技术的应用实现了真实的三维建筑模型的精准搭建，而 VR 技术让使用者和建筑三维模型的实时、真实交互成为可能（图 7.11-1）。

7.11.2　基于 BIM 的 VR 技术在装配式建筑里的应用

基于 BIM 的 VR 技术可以应用在装配式建筑的设计—生产—装配—运维的全生命周期里（图 7.11-1）。

设计阶段的 VR 技术应用包括设计本身和设计成果的展示。通过 VR 技术，设计师可以在虚拟的创作空间里任意发挥自己的设计才能，身临其境般的构思自己的设计想法并完成建筑模型的搭建，实现所思即所见的设计目标。此外，基于 VR 技术的设计成果的展示也会让业主和用户更能直观感受设计师的设计想法，并将自己的真实感受反馈给设计师。

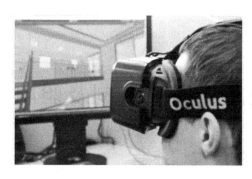

图 7.11-1 基于 BIM 的 VR 技术

生产阶段的 VR 技术可以将工厂内设备的布局及运转情况实时、直观的反馈给管理者，同时可以通过虚拟模拟对生产工人进行技术交底。

装配阶段的 VR 技术可以提高 BIM 技术的应用价值。通过虚拟现实技术，更为真实地为管理者和工人提供装配施工的总平面模拟、施工方案模拟和技术交底、质量安全管理等。

运维阶段的 VR 应用可以通过物联网的介入，使得建筑本体与其内部的人和物品数据化、信息化。以 BIM 模型为基础，将数据化的人与物品同建筑信息模型发生交互，从而实现建筑物、人、物品之间信息的互联和共享。从而实现能耗与环境监测、设备和安全的虚拟现实管理。

总之，VR 技术的应用使得 BIM 技术如虎添翼，让业主、设计方、建设方、运维方及使用方与装配式建筑的交互更为直观、真实。随着计算机软硬件技术的快速发展，虚拟现实技术在装配式建筑里的应用前景越来越广阔。

8 装配式混凝土结构施工质量控制及验收

8.1 预制构件生产过程监造

8.1.1 监造环节

建设单位、监理单位、施工单位应根据规定和需求配置驻厂监造人员。驻厂监造人员应履行相关责任，对关键工序进行生产过程监督，并在相关质量证明文件上签字。除有专门设计要求外，有驻厂监造的构件可不做结构性能检验。

驻厂监造人员应根据工程特点编制监造方案（细则），监造方案（细则）中应明确监造的重点内容及相应的检验、验收程序。由于现阶段规范中缺少对驻厂监造的相关表述和说明，故笔者初步认为，在一般情况下，驻厂监造可按"三控、二管、一协调"的相关要求开展工作，其中重点是质量安全的管控，并参与进度控制和协调。

8.1.2 质量控制技术要点

1. 原材料

参考施工现场的程序，进行见证取样。其中灌浆套筒、套筒灌浆料、保温材料、保温板连接件、受力型预埋件的抽样应全过程见证。对由热轧钢筋制成的成型钢筋，当能提供原材料力学性能第三方检验报告时，可仅进行重量偏差检验。对于已入厂但不合格产品，必须要求厂方单独存放，杜绝投入生产。

2. 模具

对模台清理、隔离剂的喷涂、模具尺寸等做一般性检查；对模具各部件连接、预留孔洞及埋件的定位固定等做重点检查（表 8.1-1）。

模具上预埋件、预留孔洞模具安装允许偏差 表 8.1-1

项次	检验项目		允许偏差（mm）	检验方法
1	预埋钢板	中心线位置	3	用尺量测纵横两个方向的中心线位置，记录其中较大值
		平面高差	±2	钢直尺和塞尺检查
2	预埋管、电线盒、电线管水平和垂直方向的中心线位置偏移、预留孔、浆锚搭接预留孔（或波纹管）		2	用尺量测纵横两个方向的中心线位置，记录其中较大值

项次	检验项目		允许偏差（mm）	检验方法
3	插筋	中心线位置	3	用尺量测纵横两个方向的中心线位置，记录其中较大值
		外露长度	+10，0	用尺量测
4	吊环	中心线位置	3	用尺量测纵横两个方向的中心线位置，记录其中较大值
		外露长度	+5，0	用尺量测
5	预埋螺栓	中心线位置	2	用尺量测纵横两个方向的中心线位置，记录其中较大值
		外露长度	+5，0	用尺量测
6	预埋螺母	中心线位置	2	用尺量测纵横两个方向的中心线位置，记录其中较大值
		平面高差	±1	钢直尺和塞尺检查
7	预留洞模具	中心线位置	3	用尺量测纵横两个方向的中心线位置，记录其中较大值
		尺寸	+3，0	用尺量测纵横两个方向尺寸，取其最大值
8	灌浆套筒及插筋	灌浆套筒中心线位置	1	用尺量测纵横两个方向的中心线位置，记录其中较大值
		插筋中心线位置	1	用尺量测纵横两个方向的中心线位置，记录其中较大值
		插筋外露长度	+5，0	用尺量测

3. 钢筋及预埋件

对钢筋的下料、弯折等做一般性检查；对钢筋数量、规格、连接及预埋件、门窗及其他部品部件的尺寸偏差做重点检查（表8.1-2～表8.1-4）。

钢筋成品的允许偏差和检验方法 表 8.1-2

项　目		允许偏差（mm）	检验方法
钢筋网片	长、宽	±5	钢尺检查
	网眼尺寸	±10	钢尺量连续三档，取最大值
	端头不齐	5	钢尺检查

续表

项　目		允许偏差（mm）	检验方法
钢筋骨架	长	0，−5	钢尺检查
	宽	±5	钢尺检查
	高（厚）	±5	钢尺检查
	主筋间距	±10	钢尺量两端、中间各一点，取最大值
	主筋排距	±5	钢尺量两端、中间各一点，取最大值
	箍筋间距	±10	钢尺量连续三档，取最大值
	弯起点位置	15	钢尺检查
	端头不齐	5	钢尺检查
	保护层　柱、梁	±5	钢尺检查
	保护层　板、墙	±3	钢尺检查

预埋件加工允许偏差　　　　　　　　　　　表 8.1-3

项次	检验项目		允许偏差（mm）	检验方法
1	预埋件锚板的边长		0，−5	用钢尺量测
2	预埋件锚板的平整度		1	用直尺和塞尺量测
3	锚筋	长度	10，−5	用钢尺量测
		间距偏差	±10	用钢尺量测

门窗框安装允许偏差和检验方法　　　　　　表 8.1-4

项　目		允许偏差（mm）	检验方法
锚固脚片	中心线位置	5	钢尺检查
	外露长度	+5，0	钢尺检查
门窗框位置		±1.5	钢尺检查
门窗框高、宽		±1.5	钢尺检查
门窗框对角线		±1.5	钢尺检查
门窗框的平整度		1.5	靠尺检查

4. 混凝土

对混凝土的制备、浇筑、振捣、养护等做一般检查；对混凝土抗压强度检测及试件制作、脱模及起吊强度等进行重点检查。

8.1.3 构件出厂质量控制

预制构件出厂时，驻厂监造人员应对所有待出厂构件进行详细检验，并在相关证明文件上签字。没有驻厂监造人员签字的，不得列为合格产品。构件外观质量不应有缺陷，对已经出现的严重缺陷应按技术处理方案进行处理并重新检验，对出现的一般缺陷应进行修整并达到合格。驻厂监造人员应将上述过程认真记录并备案。预制构件经检查合格后，要及时标记工程名称、构件部位、构件型号及编号、制作日期、合格状态、生产单位等信息，这是质量可追溯性要求，也是生产信息化管理重要一环。

预制构件尺寸偏差及预留孔、预留洞、预埋件、预留插筋、键槽的位置和检验方法应符合下列规定：

（1）预制板类构件尺寸偏差及预留孔、预留洞、预埋件、预留插筋、键槽的位置和检验方法应符合表 8.1-5 的要求。

（2）预制墙板类构件尺寸偏差及预留孔、预留洞、预埋件、预留插筋、键槽的位置和检验方法应符合表 8.1-6 的要求。

（3）预制梁柱桁架类构件尺寸偏差及预留孔、预留洞、预埋件、预留插筋、键槽的位置和检验方法应符合表 8.1-7 的要求。

（4）装饰构件的装饰外观尺寸偏差和检验方法应符合表 8.1-8 的要求。

预制板类构件外形尺寸允许偏差及检验方法   表 8.1-5

项次	检查项目			允许偏差（mm）	检验方法
1	规格尺寸	长度	＜6m	±5	用尺量两端及中间部，取其中偏差绝对值较大值
			≥6m 且＜12m	±10	
			≥12m	±20	
2		宽度		±5	用尺量两端及中间部，取其中偏差绝对值较大值
3		厚度		±5	用尺量板四角和四边中部位置共 8 处，取其中偏差绝对值较大值
4	外形	对角线差		6	在构件表面，用尺量测两对角线的长度，取其绝对值的差值
5		表面平整度	内表面	4	用 2m 靠尺安放在构件表面上，用楔形塞尺量测靠尺与表面之间的最大缝隙
			外表面	3	
6		楼板侧向弯曲		$L/750$ 且≤20	拉线，钢尺量最大弯曲处
7		扭翘		$L/750$	四对角拉两条线，量测两线交点之间的距离，其值的 2 倍为扭翘值

项次	检查项目			允许偏差（mm）	检验方法
8	预埋部件	预埋钢板	中心线位置偏移	5	用尺量测纵横两个方向的中心线位置，记录其中较大值
			平面高差	0，−5	用尺紧靠在预埋件上，用楔形塞尺量测预埋件平面与混凝土面的最大缝隙
9		预埋螺栓	中心线位置偏移	2	用尺量测纵横两个方向的中心线位置，记录其中较大值
			外露长度	+10，−5	用尺量
10		预埋线盒、电盒	在构件平面的水平方向中心位置偏差	10	用尺量
			与构件表面混凝土高差	0，−5	用尺量
11	预留孔		中心线位置偏移	5	用尺量测纵横两个方向的中心线位置，记录其中较大值
			孔尺寸	±5	用尺量测纵横两个方向尺寸，取其最大值
12	预留洞		中心线位置偏移	5	用尺量测纵横两个方向的中心线位置，记录其中较大值
			洞口尺寸、深度	±5	用尺量测纵横两个方向尺寸，取其最大值
13	预留插筋		中心线位置偏移	3	用尺量测纵横两个方向的中心线位置，记录其中较大值
			外露长度	±5	用尺量
14	吊环、木砖		中心线位置偏移	10	用尺量测纵横两个方向的中心线位置，记录其中较大值
			留出高度	0，−10	用尺量
15	桁架钢筋高度			+5，0	用尺量

预制墙板类构件外形尺寸允许偏差及检验方法　　　　　表 8.1-6

项次	检查项目			允许偏差（mm）	检验方法
1	规格尺寸	高度		±4	用尺量两端及中间部，取其中偏差绝对值较大值
2		宽度		±4	用尺量两端及中间部，取其中偏差绝对值较大值
3		厚度		±4	用尺量板四角和四边中部位置共 8 处，取其中偏差绝对值较大值
4		对角线差		5	在构件表面，用尺量测两对角线的长度，取其绝对值的差值
5	外形	表面平整度	内表面	4	用 2m 靠尺安放在构件表面上，用楔形塞尺量测靠尺与表面之间的最大缝隙
			外表面	3	
6		侧向弯曲		$L/1000$ 且 $\leqslant 20$	拉线，钢尺量最大弯曲处
7		扭翘		$L/1000$	四对角拉两条线，量测两线交点之间的距离，其值的 2 倍为扭翘值
8	预埋部件	预埋钢板	中心线位置偏移	5	用尺量测纵横两个方向的中心线位置，记录其中较大值
			平面高差	0，－5	用尺紧靠在预埋件上，用楔形塞尺量测预埋件平面与混凝土面的最大缝隙
9		预埋螺栓	中心线位置偏移	2	用尺量测纵横两个方向的中心线位置，记录其中较大值
			外露长度	＋10，－5	用尺量
10		预埋套筒、螺母	中心线位置偏移	2	用尺量测纵横两个方向的中心线位置，记录其中较大值
			平面高差	0，－5	用尺紧靠在预埋件上，用楔形塞尺量测预埋件平面与混凝土面的最大缝隙
11	预留孔	中心线位置偏移		5	用尺量测纵横两个方向的中心线位置，记录其中较大值
		孔尺寸		±5	用尺量测纵横两个方向尺寸，取其最大值

项次	检查项目		允许偏差（mm）	检验方法
12	预留洞	中心线位置偏移	5	用尺量测纵横两个方向的中心线位置，记录其中较大值
		洞口尺寸、深度	±5	用尺量测纵横两个方向尺寸，取其最大值
13	预留插筋	中心线位置偏移	3	用尺量测纵横两个方向的中心线位置，记录其中较大值
		外露长度	±5	用尺量
14	吊环、木砖	中心线位置偏移	10	用尺量测纵横两个方向的中心线位置，记录其中较大值
		与构件表面混凝土高差	0，−10	用尺量
15	键槽	中心线位置偏移	5	用尺量测纵横两个方向的中心线位置，记录其中较大值
		长度、宽度	±5	用尺量
		深度	±5	用尺量

预制梁柱桁架类构件外形尺寸允许偏差及检验方法　　　表 8.1-7

项次	检查项目		允许偏差（mm）	检验方法
1	规格尺寸	长度 ＜6m	±5	用尺量两端及中间部，取其中偏差绝对值较大值
		≥6m 且＜12m	±10	
		≥12m	±20	
2		宽度	±5	用尺量两端及中间部，取其中偏差绝对值较大值
3		高度	±5	用尺量板四角和四边中部位置共 8 处，取其中偏差绝对值较大值
4	表面平整度		4	用 2m 靠尺安放在构件表面上，用楔形塞尺量测靠尺与表面之间的最大缝隙
5	侧向弯曲	梁柱	$L/750$ 且≤20	拉线，钢尺量最大弯曲处
		桁架	$L/1000$ 且≤20	

续表

项次	检查项目			允许偏差（mm）	检验方法
6	预埋部件	预埋钢板	中心线位置偏移	5	用尺量测纵横两个方向的中心线位置，记录其中较大值
			平面高差	0，-5	用尺紧靠在预埋件上，用楔形塞尺量测预埋件平面与混凝土面的最大缝隙
7		预埋螺栓	中心线位置偏移	2	用尺量测纵横两个方向的中心线位置，记录其中较大值
			外露长度	+10，-5	用尺量
8	预留孔		中心线位置偏移	5	用尺量测纵横两个方向的中心线位置，记录其中较大值
			孔尺寸	±5	用尺量测纵横两个方向尺寸，取其最大值
9	预留洞		中心线位置偏移	5	用尺量测纵横两个方向的中心线位置，记录其中较大值
			洞口尺寸、深度	±5	用尺量测纵横两个方向尺寸，取其最大值
10	预留插筋		中心线位置偏移	3	用尺量测纵横两个方向的中心线位置，记录其中较大值
			外露长度	±5	用尺量
11	吊环		中心线位置偏移	10	用尺量测纵横两个方向的中心线位置，记录其中较大值
			留出高度	0，-10	用尺量
12	键槽		中心线位置偏移	5	用尺量测纵横两个方向的中心线位置，记录其中较大值
			长度、宽度	±5	用尺量
			深度	±5	用尺量

装饰构件装饰外观尺寸允许偏差及检验方法 表 8.1-8

项次	装饰种类	检查项目	允许偏差（mm）	检验方法
1	通用	表面平整度	2	2m靠尺或塞尺检查

续表

项次	装饰种类	检查项目	允许偏差（mm）	检验方法
2	面砖、石材	阳角方正	2	用托线板检查
3		上口平直	2	拉通线用钢尺检查
4		接缝平直	3	用钢尺或塞尺检查
5		接缝深度	±5	用钢尺或塞尺检查
6		接缝宽度	±2	用钢尺检查

8.2 预制构件进场质量控制

预制构件在工厂制作、现场组装，组装时需要较高的精度，同时每个预制构件具有唯一性，一旦某个构件有缺陷，势必会对工程质量、安全、进度、成本造成影响。作为装配式混凝土结构的基本组成单元，也是现场施工的第一个环节，预制构件进场验收至关重要。

8.2.1 现场质量验收程序

预制构件进场时，施工单位应先进行检查，合格后再由施工单位会同构件厂、监理单位、建设单位联合进行进场验收。

预制构件进场时，在构件明显部位必须注明生产单位、构件型号、质量合格标识；预制构件外观不得存有对构件受力性能、安装性能、使用性能有严重影响的缺陷，不得存有影响结构性能和安装、使用功能的尺寸偏差。下面分别按预制构件资料及实体进行阐述。

8.2.2 预制构件相关资料的检查

1. 预制构件合格证的检查
预制构件出厂应带有证明其产品质量的合格证，预制构件进场时由构件生产单位随车人员移交给施工单位。无合格证的产品施工单位应拒绝验收，更不得使用在工程中。

2. 预制构件性能检测报告的检查
梁板类受弯预制构件进场时应进行结构性能检验，检测结果应符合《混凝土结构工程施工质量验收规范》GB 50204—2015 中第 9.2.2 条中相关要求。当施工单位或监理单位代表驻厂监督生产过程时，除设计有专门要求外可不做结构性能检验；施工单位或监理单位应在产品合格证上确认。

3. 拉拔强度检验报告
预制构件表面预贴饰面砖、石材等饰面与混凝土的粘接性能应符合设计和现行有关标准的规定。

4. 技术处理方案和处理记录
对出现的一般缺陷的构件，应重新验收并检查技术处理方案和处理记录。

8.2.3   预制构件外观质量的检查

预制构件进场验收时，应由施工单位会同构件厂、监理单位联合进行进场验收。参与联合验收的人员主要包括：施工单位工程、物资、质检、技术人员；构件厂代表；监理工程师（图 8.2-1）。

图 8.2-1   预制构件进场时联合验收

1. 预制构件外观的检查

预制构件的混凝土外观质量不应有严重缺陷，且不应有影响结构性能和安装、使用功能的尺寸偏差。预制构件进场时外观应完好，其上印有构件型号的标识应清晰完整，型号种类及其数量应与合格证上一致。对于外观有严重缺陷或者标识不清的构件，应立即退场。此项内容应全数检查。

2. 预制构件粗糙面检查

粗糙面是采用特殊工具或工艺形成预制构件混凝土凹凸不平或骨料显露的表面，是实现预制构件和后浇筑混凝土的可靠结合重要控制环节。粗糙面应全数检查。

3. 预制构件上的预埋件、预留插筋、预留孔洞、预埋管线等规格型号、数量应符合要求。以上内容与后续的现场施工息息相关，施工单位相关人员应全数检查。

4. 预制板类、墙板类、梁柱类构件外形尺寸偏差和检验方法应分别符合国家规范的规定，允许偏差详见 8.1 相关内容。

检查数量：按照进场检验批，同一规格（品种）的构件每次抽检数量不应少于该规格（品种）数量的 5％且不少于 3 件。

5. 灌浆孔检查

检查时，可使用细钢丝从上部灌浆孔伸入套筒，如从底部伸出并且从下部灌浆孔可看见细钢丝，即畅通。构件套筒灌浆孔是否畅通应全数检查。

8.3 构件安装质量控制

8.3.1 施工现场质量控制概述

现场各施工单位应建立健全质量管理体系，确保质量管理人员数量充足、技能过硬，质量管理流程清晰、管理链条闭合。应建立并严格执行质量类管理制度，约束施工现场行为。典型质量控制流程如图 8.3-1 所示。

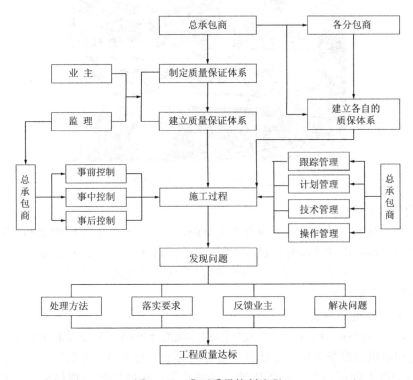

图 8.3-1 典型质量控制流程

8.3.2 装配式施工质量控制要点

1. 原材料进场检验
现场施工所需的原材料、部品、构配件应按规范进行检验。

2. 预制构件试安装
装配式结构施工前，应选择有代表性的单元板块进行预制构件的试安装，并根据试安装结果及时调整完善施工方案。

3. 测量的精度控制
为达到构件整体拼装的严密性，避免因累计误差超过允许偏差值而使后续构件无法正常吊装就位等问题的出现，吊装前须对所有吊装控制线进行认真的复检，构件安装就位后须由项目部质检员会同监理工程师验收构件的安装精度。安装精度经验收签字合格后方可浇筑混凝土。

　　所有测量计算值均应列表，并应有计算人、复核人签字。在施工过程中，要加强对层高和轴线以及净空平面尺寸的测量复核工作。

　　在底部结构正式施工前，必须布设好上部结构施工所需的轴线控制点，所设的基准点组成一个闭合线，以便进行复合和校正。

　　在底层轴线控制点布设后，用线锤把该层底板的轴线基准点引测到顶板施工面，观测孔位预留正确是确保工程质量的关键。

4. 灌浆料的制备与套筒灌浆施工

　　（1）灌浆施工前对操作人员进行培训，通过培训增强操作人员对灌浆质量重要性的意识，明确该操作行为的一次性，且不可逆的特点，从思想上重视其所从事的灌浆操作；另外，通过工作人员灌浆作业的模拟操作培训，规范灌浆作业操作流程，熟练掌握灌浆操作要领及其控制要点。

　　（2）灌浆料的制备要严格按照其配比说明书进行操作，建议用机械搅拌。拌制时，记录拌合水的温度，先加入 80% 的水，然后逐渐加入灌浆料，搅拌 3～4min 至浆料黏稠无颗粒、无干灰，再加入剩余 20% 的水，整个搅拌过程不能少于 5min，完成后静置 2min。搅拌地点应尽量靠近灌浆施工地点，距离不宜过长；每次搅拌量应视使用量多少而定，以保证 30min 以内将料用完。

　　（3）拌制专用灌浆料应先进行浆料流动性检测，留置试块，然后才可进行灌浆（图8.3-2）。流动度测试指标见表 8.3-1，检测不合格的灌浆料则重新制备。

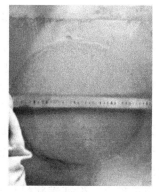

图 8.3-2　灌浆料拌制及流动度检测

灌浆料性能要求　　　　　　　　　　　　　　　　　表 8.3-1

检测项目		性能指标
流动度	初始	≥300mm
	30min	≥260mm
抗压强度	1d	≥35MPa
	3d	≥60MPa
	28d	≥85MPa
竖向自由膨胀率	24h 与 3h 差值	0.02%～0.5%
氯离子含量		≤0.03%
泌水率（%）		0

（4）砂浆封堵24h后可进行灌浆，拟采用机械灌浆。浆料从下排灌浆孔进入，灌浆时先用塞子将其余下排灌浆孔封堵，待浆料从上排出浆孔溢出后将上排进行封堵，再继续从下排灌浆至无法灌入后用塞子将其封堵。注浆要连续进行，每次拌制的浆料需在30min内用完，灌浆完成后24h之内，预制构件不得受到扰动。

（5）单个套筒灌浆采用灌浆枪或小流量灌浆泵；多接头连通腔灌浆采用配套的电动灌浆泵。灌浆完成浆料凝固前，巡检已灌浆接头，填写记录，如有漏浆及时处理；灌浆料凝固后，检查接头充盈度。灌浆施工如图8.3-3所示。

图8.3-3　灌浆施工示意

（6）一个阶段灌浆作业结束后，应立即清洗灌浆泵。

（7）灌浆泵内残留的灌浆料浆液如已超过30min（自制浆加水开始计算），除非有证据证明其流动度能满足下一个灌浆作业时间，否则不得继续使用，应废弃。

（8）现场存放灌浆料时需搭设专门的灌浆料储存仓库，要求该仓库防雨、通风，仓库内搭设放置灌浆料存放架（离地一定高度），使灌浆料处于干燥、阴凉处。

（9）预制构件与现浇结构连接部分表面应清理干净，不得有油污、浮灰、粘贴物、木屑等杂物，并且在构件毛面处剔毛且不得有松动的混凝土碎块和石子；与灌浆料接触的构件表面用水润湿且无明显积水，保证灌浆料与其接触构件接缝严密，不漏浆。

5. 安装精度控制

（1）编制针对性安装方案，做好技术交底和人员教育培训。

（2）安装施工前应按工序要求检查核对已施工完成结构部分的质量，测量放线后，做好安装定位标志。

（3）强化预制构件吊装校核与调整：预制墙板、预制柱等竖向构件安装后应对安装位置、安装标高、垂直度、累计垂直度进行校核与调整；预制叠合类构件、预制梁等横向构件安装后应对安装位置、安装标高进行校核与调整；相邻预制板类构件，应对相邻预制构件平整度、高差、拼缝尺寸进行校核与调整；预制装饰类构件应对装饰面的完整性进行校核与调整。

（4）强化安装过程质量控制与验收，提高安装精度。

6. 结合面平整度控制

（1）预制墙板与现浇结构表面应清理干净，不得有油污、浮灰、粘贴物等杂物，构件剔凿面不得有松动的混凝土碎块和石子。

（2）墙板找平垫块宜采用螺栓垫块找平，抄平时直接转动调节螺栓，对齐找平。

（3）严格控制混凝土板面标高，误差控制在规定范围内。

7. 后浇连接节点模板漏浆防治

（1）混凝土浇筑前，模板或连接缝隙用海绵条封堵。

（2）与预制墙板连接的现浇短肢剪力墙模板位置、尺寸应准确，固定牢固，防止偏位。

（3）宜采用铝合金模板，并使用专用夹具固定，提高混凝土观感质量。

8. 外墙板接缝防水

（1）所选用防水密封材料应符合相关规范要求。

（2）拼缝宽度应满足设计要求。

（3）宜采用构造防水与材料防水相结合的方式，且应符合下列规定：

1）构造防水

①进场的外墙板，在堆放、吊装过程中，应注意保护其空腔侧壁、立槽、滴水槽以及水平缝等防水构造部位。

②在竖向接缝合拢后，其减压空腔应畅通，竖向接缝封闭前，应先清理防槽。

③外墙水平缝应先清理防水空腔，在空腔底部铺放橡塑型材，并在外侧封闭。

④竖缝与水平缝的勾缝应着力均匀，不得将嵌缝材料挤进空腔内。

⑤外墙十字缝接头处的塑料条应插到下层外墙板的排水坡上。

2）材料防水

①墙板侧壁应清理干净，保持干燥，然后刷底油一道。

②事先应对嵌缝材料的性能、质量和配合比进行检验，嵌缝材料应与板材牢固粘结。

（4）套筒灌浆连接钢筋偏位

钢筋套筒灌浆连接钢筋偏位，会导致安装困难，影响连接质量。针对钢筋偏位应制定预案。预案应经审批后方可执行。现场出现连接钢筋偏位后，应按预案中要求进行处理，并形成处理文件，现场责任工程师、质检员、技术负责人、监理工程师共同签字确认。

质量控制要点：

1）竖向预制墙预留钢筋和孔洞位置、尺寸应准确。

2）提高精度，保证预留钢筋位置准确。对于个别偏位的钢筋应及时采取有效措施处理。

9. 剪力墙部分灌浆孔不出浆

加强事前检查，对每一个套筒进行通透性检查，避免此类事件发生。对于前几个套筒不出浆，应立即停止灌浆，墙板重新起吊到存放场地，立即进行冲洗处理，检查原因并返修；对于最后 1～2 个套筒不出浆，可持续灌浆，灌浆完成后对局部钢筋位置进行钢筋焊接或其他方式处理。

8.4 装配施工验收

8.4.1 验收程序

（1）装配式混凝土建筑施工应按现行国家标准《建筑工程施工质量验收统一标准》GB 50300 的有关规定进行单位工程、分部工程、分项工程和检验批的划分和质量验收。检验批及分项工程应由监理工程师（建设单位项目技术负责人）组织施工单位项目专业质量（技术）负责人等进行验收。分部工程应由总监理工程师（建设单位项目负责人）组织施工单位项目负责人和技术、质量负责人等进行验收；地基与基础、主体结构分部工程的勘察、设计单位工程项目负责人和施工单位技术、质量部门负责人也应参加相关分部工程验收。单位工程完工后，施工单位应自行组织有关人员进行检查评定，并向建设单位提交工程验收报告。建设单位收到工程报告后，应由建设单位项目负责人组织施工（含分包单位）、设计、监理、勘察等单位进行单位工程验收。根据装配式施工特点及穿插流水施工需要，应与行业监督部门沟通协调，分段验收。

（2）装配式混凝土建筑的装饰装修、机电安装等分部工程应按国家现行标准的有关规定进行质量验收。

（3）装配式混凝土结构应按混凝土结构子分部工程进行验收；当结构中部分采用现浇混凝土结构时，装配式结构部分可作为混凝土结构子分部的分项工程进行验收。

装配式混凝土结构按子分部工程进行验收时，可划分为预制构件模板、钢筋加工、钢筋安装、混凝土浇筑、预制构件、安装与连接等分项工程，各分项工程可根据与生产和施工方式相一致且便于控制质量的原则，按进场批次、工作班、楼层、结构缝或施工段划分为若干检验批。

装配式混凝土结构子分部工程的质量验收，应在相关分项工程验收合格的基础上，进行质量控制资料检查及观感质量验收，并应对涉及结构安全、有代表性的部位进行结构实体检验。

分项工程的质量验收应在所含检验批验收合格的基础上，进行质量验收记录检查。

（4）装配式混凝土建筑在混凝土结构子分部工程完成分段或整体验收后，方可进行装饰装修的部品安装施工。

8.4.2 验收内容及标准

（1）预制构件临时固定措施应符合设计、专项施工方案要求及国家现行有关标准的规定。

检查数量：全数检查。

检验方法：观察检查，检查施工方案、施工记录或设计文件。

（2）工程应用套筒灌浆连接时，应由接头提供单位提交所有规格接头的有效型式检验报告。验收时应核查下列内容：

1）工程中应用的各种钢筋强度级别、直径对应的型式检验报告应齐全，报告应合格有效。

2）型式检验报告送检单位与现场接头提供单位应一致。

3）型式检验报告中的接头类型，灌浆套筒规格、级别、尺寸，灌浆料型号与现场使用的产品应一致。

4）型式检验报告应在 4 年有效期内，可按灌浆套筒进场验收日期确定。

5）报告内容应符合《钢筋套筒灌浆连接应用技术规程》JGJ 355—2015 附录 A 的规定。

（3）灌浆施工前，应对不同钢筋生产企业的进场钢筋进行接头工艺检验；施工过程中，当更换钢筋生产企业，或同生产企业生产的钢筋外形尺寸与已完成工艺检验的钢筋有较大差异时，应再次进行工艺检验。接头工艺检验应符合下列规定：

1）灌浆套筒埋入预制构件时，工艺检验应在预制构件生产前进行；当现场灌浆施工单位与工艺检验时的灌浆单位不同，现场灌浆前再次进行工艺检验。

2）工艺检验应模拟施工条件制作接头试件，并应按接头提供单位提供的施工操作要求进行。

3）每种规格钢筋制作 3 组套筒灌浆连接接头，并应检查灌浆质量。

4）采用灌浆料拌合物制作的 40mm×40mm×160mm 试件不应少于 1 组。

5）接头试件及灌浆试件应在标准养护条件下养护 28d。

6）每个钢筋套筒灌浆连接接头的抗拉强度不应小于连接钢筋抗拉强度标准值，且破坏时应断于接头外钢筋；每个钢筋套筒灌浆连接接头的屈服强度不应小于连接钢筋屈服强度标准值；3 个接头试件残余变形的平均值应符合《钢筋套筒灌浆连接应用技术规程》JGJ 355 中的有关规定；灌浆料抗压强度应符合《钢筋套筒灌浆连接应用技术规程》JGJ 355 中规定的 28d 强度要求。

7）接头试件在量测残余变形后可再进行抗拉强度试验，并应按现行行业标准《钢筋机械连接技术规程》JGJ 107—2016 规定的钢筋机械连接型式检验单向拉伸加载制度进行试验。

8）第一次工艺检验中 1 个试件抗拉强度或 3 个试件的残余变形平均值不合格时，可再抽取 3 个试件进行复验，复验有不合格项则判为工艺检验不合格。

（4）采用钢筋套筒灌浆连接时，应在构件生产前进行钢筋套筒灌浆连接接头的抗拉强度试验。试验采用与套筒相匹配的灌浆料制作对中连接接头试件，抗拉强度应符合《钢筋套筒灌浆连接应用技术规程》JGJ 355 的规定。

检查数量：同一批号、同一类型、同一规格的灌浆套筒，不超过 1000 个为一批，每批随机抽取 3 个灌浆套筒制作对中连接接头试件。

检验方法：按现行国家标准《钢筋套筒灌浆连接应用技术规程》JGJ 355 的相关规定执行。

（5）钢筋采用套筒灌浆连接、浆锚搭接连接时，灌浆应饱满、密实，所有出口均应出浆。

检查数量：全数检查。

检验方法：检查灌浆施工质量检查记录、有关检验报告。

（6）钢筋套筒灌浆连接及浆锚搭接连接用的灌浆料强度应满足设计要求。用于检验抗压强度的灌浆料试件应在施工现场制作。

检查数量：按批检验，以每层为一检验批；每工作班取样不得少于1次，每楼层取样不得少于3次。每组抽取1组40mm×40mm×160mm的试件，标准养护28d后进行抗压强度试验。

检验方法：检查灌浆料抗压强度试验报告及评定记录。

（7）预制构件底部接缝坐浆强度应满足设计要求。

检查数量：按检验批，以每层为一检验批；每工作班应制作一组且每层不应少于3组边长为70.7mm的立方体试件，标准养护28d后进行抗压强度试验。

检验方法：检查坐浆材料强度试验报告及评定记录。

（8）当施工过程中灌浆料抗压强度、灌浆质量不符合要求时，应由施工单位提出技术处理方案，经监理、设计单位认可后进行处理。经处理后的部位应重新验收。

检查数量：全数检查。

检验方法：检查处理记录。

（9）装配式结构采用现浇混凝土连接构件时，构件连接处后浇混凝土的强度应符合设计要求。

检查数量：同一配合比的混凝土，每工作班且建筑面积不超过1000m²应制作1组标准养护试件，同一楼层应制作不少于3组标准养护试件。

检验方法：检查混凝土强度报告。当叠合层或连接部位等的后浇混凝土与现浇结构同时浇筑时，可合并验收。对有特殊要求的后浇混凝土应单独制作试块进行检验评定。

（10）钢筋采用焊接连接时，其接头质量应符合现行行业标准《钢筋焊接及验收规程》JGJ 18的规定。

检查数量：按现行行业标准《钢筋焊接及验收规程》JGJ 18的有关规定确定。

检验方法：检查质量证明文件及平行加工试件的检验报告。

考虑到装配式混凝土结构中钢筋连接的特殊性，很难做到连接试件原位截取，故要求制作平行加工试件。平行加工试件应与实际钢筋连接接头的施工环境相似，并宜在工程结构附近制作。

（11）钢筋采用机械连接时，其接头质量应符合现行行业标准《钢筋机械连接技术规程》JGJ 107的规定。

检查数量：按现行行业标准《钢筋机械连接技术规程》JGJ 107的规定确定。

检验方法：检查质量证明文件、施工记录及平行加工试件的检验报告。

平行加工试件应与实际钢筋连接接头的施工环境相似，并宜在工程结构附近制作。钢筋采用机械连接时，螺纹接头应检验拧紧扭矩值，挤压接头应量测压痕直径，检验结果应符合现行行业标准《钢筋机械连接技术规程》JGJ 107的规定。

（12）预制构件采用焊接、螺栓连接等连接方式时，其材料性能及施工质量应符合国家现行标准《钢结构工程施工质量验收规范》GB 50205和《钢筋焊接及验收规程》JGJ 18的相关规定。

检查数量：按现行国家标准《钢结构工程施工质量验收规范》GB 50205和《钢筋焊接及验收规程》JGJ 18的规定确定。

检验方法：检查施工记录及平行加工试件的检验报告。在装配式结构中，常会采用钢筋或钢板焊接、螺栓连接等"干式"连接方式，此时钢材、焊条、螺栓等产品或材料应按批进行进场检验，施工焊缝及螺栓连接质量应按国家现行标准《钢结构工程施工质量验收规范》GB 50205 和《钢筋焊接及验收规程》JGJ 18 的相关规定进行检查验收。

（13）装配式结构施工后，其外观质量不应有严重缺陷，且不应有影响结构性能和安装、使用功能的尺寸偏差。

检查数量：全数检查。

检验方法：观察，量测；检查处理记录。

（14）外墙板接缝处的防水性能应符合设计要求。

检查数量：按批检验。每 $1000m^2$ 外墙面积应划分为一个检验批，不足 $1000m^2$ 时也应划分为一个检验批；每个检验批每 $100m^2$ 应至少抽查一处，每处不得少于 $10m^2$。

检验方法：现场淋雨试验。淋水流量不应小于 $5L/（m·min）$，淋水试验时间不应少于 $2h$，检测区域不应有遗漏部位。淋水试验结束后，检查背面有无渗漏。

（15）装配式结构施工后，其外观质量不应有一般缺陷。

检查数量：全数检查。

检验方法：观察，检查处理记录。

（16）装配式结构施工后，预制构件位置、尺寸偏差及检验方法应符合设计要求；当设计无具体要求时，应符合表 8.4-1 的规定。预制构件与现浇结构连接部位的表面平整度应符合表 8.4-1 的规定。

检查数量：按楼层、结构缝或施工段划分检验批。在同一检验批内，对梁、柱和独立基础，应抽查构件数量的 10%，且不应少于 3 件；对墙和板，应按有代表性的自然间抽查 10%，且不应少于 3 间；对大空间结构，墙可按相邻轴线间高度 5m 左右划分检查面，板可按纵、横轴线划分检查面，抽查 10%，且均不应少于 3 面。

装配式结构构件位置和尺寸允许偏差及检验方法表　　　　　　表 8.4-1

项　目			允许偏差（mm）	检验方法
构件轴线位置	竖向构件（柱、墙、桁架）		8	经纬仪及尺量
	水平构件（梁、楼板）		5	
标高	梁、柱、墙板楼板底面或顶面		±5	水准仪或拉线、尺量
构件垂直度	柱、墙板安装后的高度	≤6m	5	经纬仪或吊线、尺量
		>6m	10	
构件倾斜度	梁、桁架		5	经纬仪或吊线、尺量
相邻构件平整度	梁、楼板底面	外露	3	2m 靠尺和塞尺量测
		不外露	5	
	柱、墙板	外露	5	
		不外露	8	
构件搁置长度	梁、板		±10	尺量
支座、支垫中心位置	板、梁、柱、墙、桁架		10	尺量
墙板接缝宽度			±5	尺量

8.4.3 验收结果及处理方式

（1）装配式混凝土结构子分部工程施工质量验收合格应符合下列规定：

1）所含分项工程质量验收应合格。

2）应有完整的质量控制资料。

3）观感质量验收应合格。

4）结构实体检验结果应符合《混凝土结构工程施工质量验收规范》GB 50204 的要求。

（2）当混凝土结构施工质量不符合要求时，应按下列规定进行处理：

1）经返工、返修或更换构件、部件的，应重新进行验收。

2）经有资质的检测机构按国家现行相关标准检测鉴定达到设计要求的，应予以验收。

3）经有资质的检测机构按国家现行相关标准检测鉴定达不到设计要求，但经原设计单位核算并确认仍可满足结构安全和使用功能的，可予以验收。

4）经返修或加固处理能够满足结构可靠性要求的，可根据技术处理方案和协商文件进行验收。

（3）装配式混凝土结构子分部工程施工质量验收时，应提供下列文件和记录：

1）工程设计文件、预制构件深化设计图、设计变更文件。

2）预制构件、主要材料及配件的质量证明文件、进场验收记录、抽样复验报告。

3）钢筋接头的试验报告。

4）预制构件制作隐蔽工程验收记录。

5）预制构件安装施工记录。

6）钢筋套筒灌浆等钢筋连接的施工检验记录。

7）后浇混凝土和外墙防水施工的隐蔽工程验收文件。

8）后浇混凝土、灌浆料、坐浆材料强度检测报告。

9）结构实体检验记录。

10）装配式结构分项工程质量验收文件。

11）装配式工程的重大质量问题的处理方案和验收记录。

12）其他必要的文件和记录（宜包含 BIM 交付资料）。

（4）装配式混凝土结构子分部工程施工质量验收合格后，应将所有的验收文件存档备案。

9 工程案例

9.1 裕璟幸福家园工程

9.1.1 工程概况

裕璟幸福家园项目位于深圳市坪山新区坪山街道田头社区上围路南侧，东至规划创景南路，西至祥心路，南至规划南坪快速路，北至坪山金田东路，是深圳市首个 EPC 模式的装配式剪力墙结构体系的试点项目。本工程共 3 栋塔楼（1 号楼、2 号楼、3 号楼），建筑高度分别为 92.8m（1 号楼、2 号楼）、95.9m（3 号楼），地下室 2 层，是华南地区装配式剪力墙结构建筑高度最高项目。本工程预制率达 50％左右（1、2 号楼 49.3％，3 号楼 47.2％），装配率达 70％左右（1 号楼、2 号楼 71.5％，3 号楼 68.2％），是深圳市装配式剪力墙结构预制率、装配率最高项目，也是采用深圳市标准化设计图集的标准化设计的第一个项目（图 9.1-1）。总占地面积为 11164.76m²，总建筑面积为 6.4 万 m²（地上 5 万 m²，地下 1.4 万 m²），建筑使用年限为 50 年，耐火等级为 1 级，建筑类别为 1 类，人防等级为 6 级。工程立面图如图 9.1-2 所示。本工程结构设计使用年限为 50 年，设计耐久性为 50 年，建筑结构安全等级为二级，建筑抗震设防分类为丙类，抗震设防烈度为 7 度，地基基础设计等级为甲级，地下室防水等级为二级。

图 9.1-1　裕璟幸福家园项目俯视效果图　　　图 9.1-2　裕璟幸福家园项目立面图

本项目 3 栋高层住宅共计 944 户，由 35m²、50m²、65m² 的三种标准化户型模块组成，为选用《深圳市保障性住房标准化系列化研究课题》的研究成果。通过对户型的标准化、模数化的设计研究，结合室内精装修一体化设计，各栋组合建筑平面方正实用、结构简洁，满足工业化住宅设计体系的原则。1号、2号楼标准层采用一种通用户型，一种阳台，三种空调板，一种楼梯板；3号楼采用两种户型，一种阳台，两种空调板，一种楼梯板。实现了平面的标准化，为预制构件的少种类、多数量提供了可能（图9.1-3～图9.1-6）。

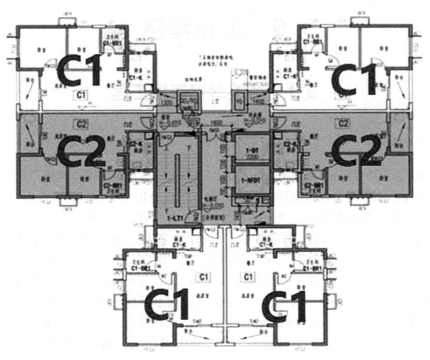

图 9.1-3　1、2号楼标准层平面图

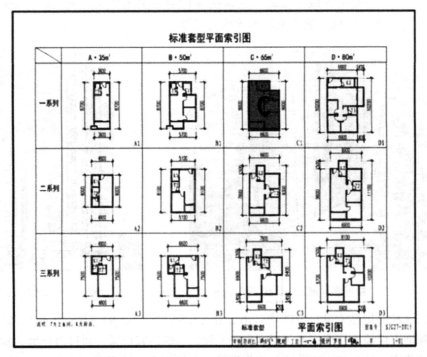

图 9.1-4　标准套型平面索引图 C 户型（65m²）

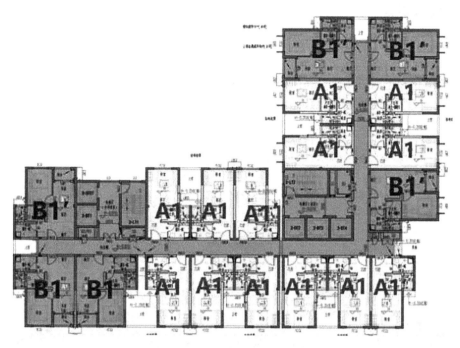

图 9.1-5　3 号楼标准层平面图

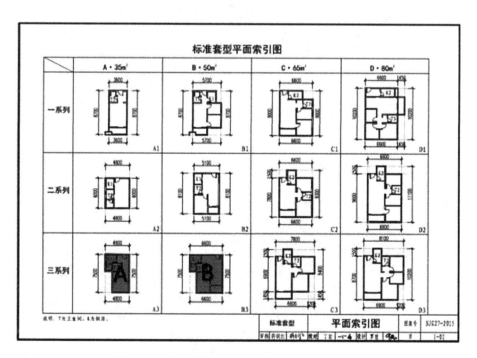

图 9.1-6　标准套型平面索引图户型（35/50m²）

本工程预制范围从地上 5/6 层开始，主要预制构件包括：预制内外墙、预制叠合板、叠合梁、预制楼梯、预制阳台等。机房层与底部加强层采用现浇。

9.1.2 技术要点

1. 设计、生产、施工全产业链标准化设计

（1）设计标准化

1）标准化户型（分别为 35m²、50m²、65m²）

其中1号、2号塔楼采用 65m² 一种户型，3号塔楼采用 35m²、50m² 两种户型组合（图 9.1-7、图 9.1-8）。

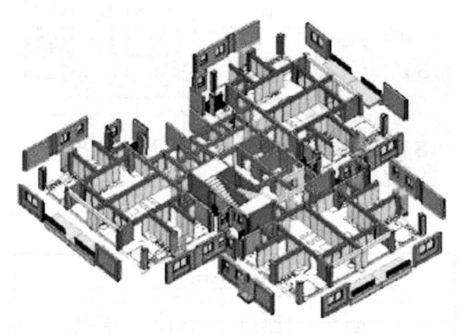

图 9.1-7 1、2号楼户型标准化设计

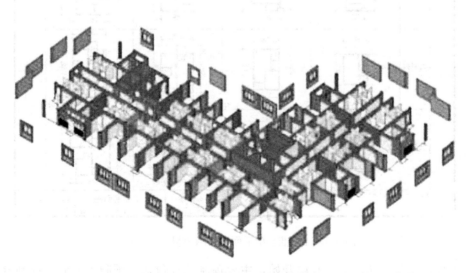

图 9.1-8 3号楼户型标准化设计

2）预制构件拆分标准化设计（表 9.1-1）

预制构件类型与数量

表 9.1-1

构件类型		外墙板	内墙板	叠合板	预制楼梯	预制阳台	轻钢型空调板	叠合梁
构件数量	1号楼	33	4	24	2	3	15	12
	2号楼	33	4	24	2	3	15	12
	3号楼	66	14	50	4	1	28	18

3）预制构件现浇节点标准化设计

根据南方地区结构特点，在三明治墙板节点设计基础上进行设计优化（图 9.1-9、图 9.1-10）。

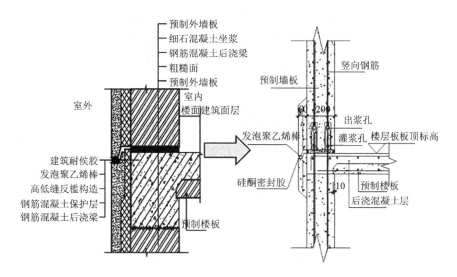

图 9.1-9　水平节点标准化设计

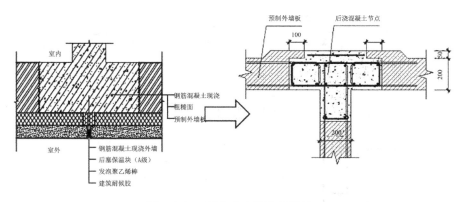

图 9.1-10　竖向节点标准化设计

（2）PC 构件模具设计标准化

模具设计时采用标准化设计，便于各项目模具周转使用。

如采用与"哈工大项目"相同体系的内隔墙，此部分预制墙体的模具即可共同重复使用。既可以降低成本，又缩短模具制作周期。

（3）铝模板、轻质墙板设计标准化

1）铝模设计时，采用标准化设计，便于项目周转使用（图9.1-11）。

2）轻质隔墙板设计时，采用标准化、模块模数化（图9.1-12）。

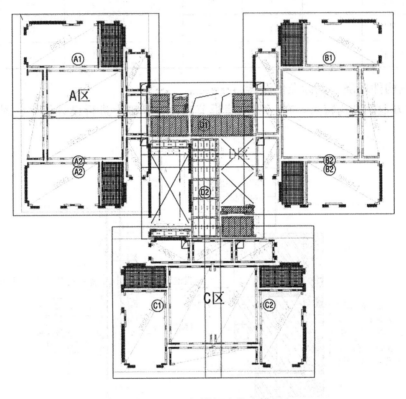

图9.1-11　铝模标准化配模图

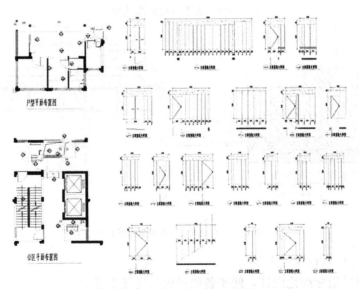

图9.1-12　轻质隔墙标准化排版图

2. 全产业链 BIM 技术集成应用

（1）概述

本项目在设计、生产、施工全产业链建立了"基于企业云"的装配式建筑协同平台，实现装配式建筑"全员、全专业、全过程"的三全 BIM 应用（图 9.1-13）。

全员 BIM：BIM 不只是三维画图，更要全员共用、共享；

全专业 BIM：同一模型，各专业一体设计；

全过程 BIM：设计、加工、装配一体，EPC 管理核心。

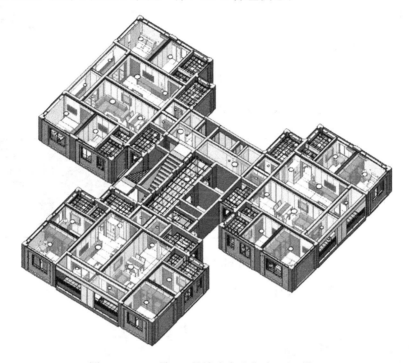

图 9.1-13　1 号、2 号楼多专业集成 BIM 模型

（2）BIM 在 EPC 管理上的应用

本工程在 EPC 总承包的发展模式下，建立以 BIM 为基础的建筑＋互联网的信息平台（图 9.1-14），通过 BIM 实现建筑在设计、生产、施工全产业链的信息交互和共享，提高全产业链的效率和项目管理水平。

图 9.1-14　基于 BIM 技术的 EPC 信息化管理平台

（3）BIM 在设计阶段的应用

1）利用 BIM 进行预制构件三维拆分设计、深化设计及三维出图（图 9.1-15）。

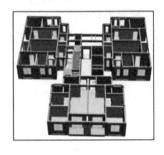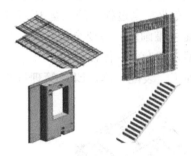

图 9.1-15　PC 构件 BIM 模型

2）利用 BIM 进行机电管线设计及机电管线碰撞检查（图 9.1-16）。

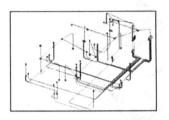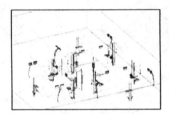

图 9.1-16　利用 BIM 模型进行管线碰撞检查

3）利用 BIM 进行精装修设计（图 9.1-17）。

1号楼、2号楼标准层精装模型　　　　厨房模型　　　卫浴模型　　　卧室模型

3号楼标准层精装模型　　　　　　　客厅模型　　　　　　卧室模型

图 9.1-17　1～3 号楼 BIM 精装修模型

（4）BIM 在工厂生产阶段的应用

预制构件厂利用 BIM 三维图纸指导预制构件加工制作及工程量统计。实现自动导图、自动算量、自动加工、自动生产的全自动化流水生产（图 9.1-18）。

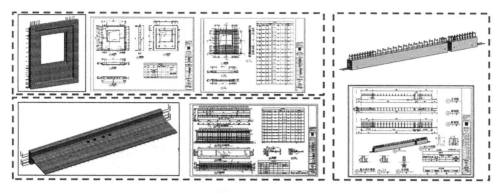

图 9.1-18　工厂利用 BIM 自动导图、自动算量

（5）BIM 在施工阶段的应用

1）利用 BIM 进行现场平面布置模拟（图 9.1-19）。

图 9.1-19　施工现场 BIM 仿真模型

2）利用 BIM 进行施工方案模拟及施工信息协同应用（图 9.1-20）。

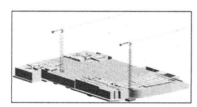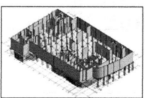

图 9.1-20　施工方案 BIM 4D 模拟

3）利用 BIM 精装模型生成精装清单，便于商务招采及现场施工（图 9.1-21～图 9.1-24）。

图 9.1-21　厨卫间 BIM 渲染效果图

图 9.1-22 卧室 BIM 渲染效果图

1#C户型装修材料统计表				
A	**B**	**C**	**D**	**E**
材质	**族**	**合计总数**	**长度**	**宽度**
MT-01	内装-户内300x300铝扣板吊顶	1	246	246
MT-01	内装-户内300x300铝扣板吊顶	6	246	300
MT-01	内装-户内300x300铝扣板吊顶	1	247	247
MT-01	内装-户内300x300铝扣板吊顶	8	247	300
MT-01	内装-户内300x300铝扣板吊顶	3	300	146
MT-01	内装-户内300x300铝扣板吊顶	1	300	246
MT-01	内装-户内300x300铝扣板吊顶	4	300	247
MT-01	内装-户内300x300铝扣板吊顶	59	300	300
内装-户内300x300铝扣板吊顶: 83		83		
MT-01	内装-铝板天花-50轻钢主龙骨	5	1470	
内装-铝板天花-50轻钢主龙骨: 5		5		
MT-01	内装-铝板天花-人字龙骨	4	920	
MT-01	内装-铝板天花-人字龙骨	4	1770	
MT-01	内装-铝板天花-人字龙骨	2	2070	
MT-01	内装-铝板天花-人字龙骨	2	2570	
内装-铝板天花-人字龙骨: 12		12		

图 9.1-23 BIM 导出的 1 号楼 C 户型装修材料表

<1#C户型家具家电明细表>				
A	**B**	**C**	**D**	**E**
族	**合计**	**材质**	**长度**	**宽度**
内装-书桌	2	M_木材		800
内装-床1200	1	M_纺织品	2000	1150
内装-床1500	1	M_纺织品	2070	1500
内装-微波炉	1			
内装-抽油烟机	1	M_塑钢		
内装-椅子	4	M_纺织品		
内装-沙发	1			
内装-洗衣机	1			
内装-液晶电视	3			700
内装-电视柜	1	电视柜材质		
内装-空调_001	3			
内装-艺术花瓶	1			
内装-茶几	1	玻璃		
内装-衣柜1800	1	M_木质_062	1800	
内装-衣柜边柜	1	M_木质_062	1118	
内装-装饰画	2	装饰画	970	912
内装-鞋柜	1	鞋柜面板		
内装-餐桌	1			
排风扇	1	M_灰色材质		
总计: 28				

图 9.1-24 BIM 导出的 1 号楼 C 户型家具家电明细表

3. 装配式系列施工技术

（1）新型爬架技术

针对本项目结构特点，项目部联合爬架厂商共同设计出适用于建筑工业化的新型爬架体系，其特点架体总高度 11m，覆盖结构 3.5 层（即构件安装层、铝模拆除层、外饰面装修层）（图 9.1-25）。

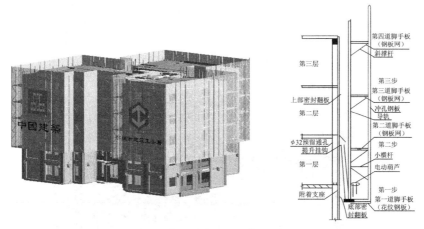

图 9.1-25 新型爬架 BIM 模型及剖面图

（2）装配式工装体系

针对装配式剪力墙结构特点，项目部完成了预制构件临时堆放架、钢筋定位框、预制构件吊梁、灌浆套筒工艺试验架、预制构件水平位移及竖向标高调节器等系列深化设计及加工制作（图 9.1-26～图 9.1-33）。

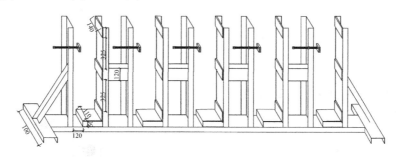

图 9.1-26 预制墙板堆放架三维图

图 9.1-27 预制墙板堆放架实物图

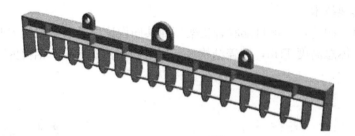

图 9.1-28　预制构件吊梁

图 9.1-29　灌浆套筒工艺试验架

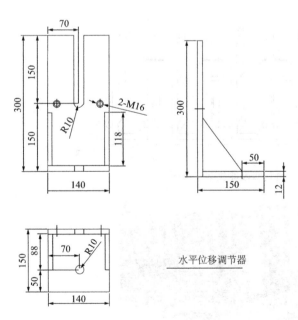

图 9.1-30　水平位移调节器详图

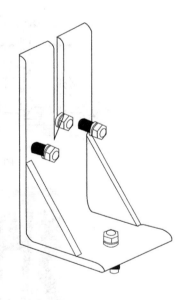

图 9.1-31　水平位移调节器三维示意

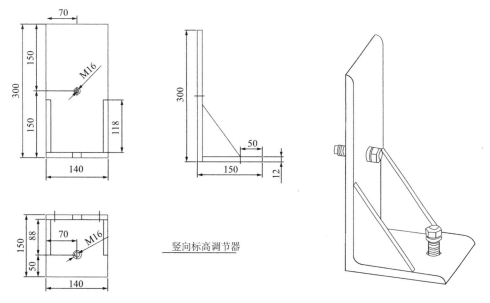

图 9.1-32　竖向位移调节器详图　　　　图 9.1-33　竖向位移调节器三维示意

（3）灌浆套筒定位装置

为解决全灌浆套筒在预制墙板生产过程中安装精度及套筒内钢筋定位的问题，本项目自主设计了套筒定位装置（图 9.1-34）。

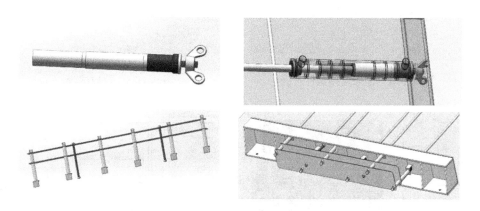

图 9.1-34　套筒定位装置 3D 模型

（4）套筒灌浆平行试验装置

套筒灌浆密实度检验为装配式剪力墙结构体系质量保障的重点和难题，为保证套筒灌浆密实度，在预制墙体套筒灌浆时，利用同一批次灌浆料进行平行试验，待强度达到设计要求时，取出套筒进行抗拉拔试验（图 9.1-35～图 9.1-38）。

4. 信息化管理技术体系

（1）门禁实名制系统

项目采用门禁系统与劳务实名制系统相关联，通过门禁系统可以实时显示各专业工种人员到岗情况，通过手机软件可以实时查看工人考勤情况、安全教育情况、工资发放情况、劳务合同情况等（图 9.1-39）。

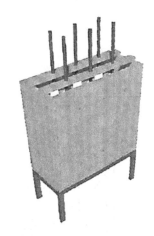

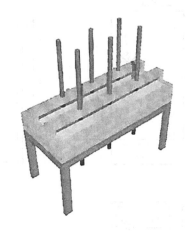

图 9.1-35　上层预制剪力墙连接模拟装置　　　　图 9.1-36　下层预制剪力墙连接模拟装置

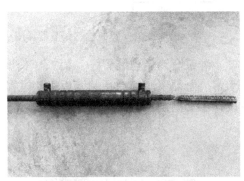

图 9.1-37　灌浆连接试件实剖　　　　　　　图 9.1-38　拉拔试验

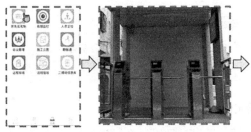

图 9.1-39　实名制系统手机端管理界面及流程

（2）视频监控系统

项目采用视频监控系统与手机软件相关联，通过手机软件可以随时调动现场摄像头，可以实时查看现场施工情况（图 9.1-40）。

（3）二维码追溯系统

在预制构件、实体结构、管理人员安全帽上粘贴信息化二维码，可以实现相关信息的全过程追溯，方便实用（图 9.1-41）。

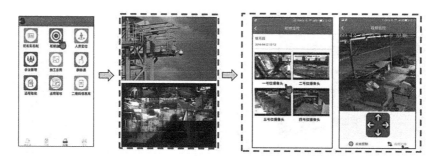

图 9.1-40 视频监控系统手机端管理界面及流程

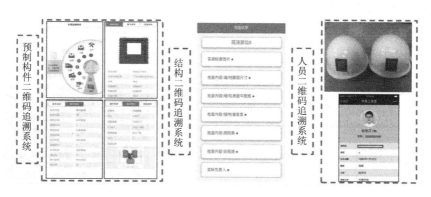

图 9.1-41 二维码追溯系统手机端界面

（4）人员定位系统

本项目对劳务及项目管理人员采用人员定位系统，通过将 RFID 射频芯片镶嵌进安全帽内，并在楼层内布置信号接收基站，可以对现场的人员进行实时追踪定位，及时预警和监控安全状况（图 9.1-42）。

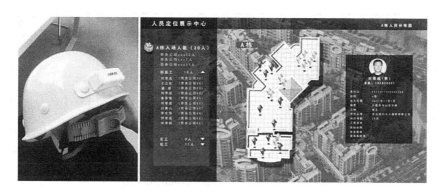

图 9.1-42 人员定位系统 PC 端显示界面

（5）预制构件追踪定位系统

预制构件追踪定位系统，是通过定位追踪软件操作选择指定构件，指定构件的定位器将发出蜂鸣及红色闪光，便于工人迅速找准构件，同时通过扫描定位器边上的二维码确认构件并获取构件详细信息（图 9.1-43）。

图 9.1-43　预制构件追踪定位系统使用示意

（6）大型设备监控系统

项目采用塔式起重机监控系统（黑匣子），主要监控风速、载重、力矩、高度、角度、幅度等（图 9.1-44）。

图 9.1-44　大型设备监控系统使用示意

（7）安全三级巡检系统

项目采用安全三级巡检系统，项目部安全常规检查（日检、周检、月检）、重点部位专项检查、安全整改等通过手机软件来实现（图 9.1-45）。

图 9.1-45　安全三级巡检系统使用示意

9.1.3　总结

1. 全产业链标准化设计

本项目在设计、生产、施工全产业链中均采用标准化、模块模数化设计，减少了户型种类、构件类型、构件模具种类，优化了构件连接节点，通过全产业链标准化设计，减少了构件生产模具、方便了构件运输、降低了预制构件施工难度、提高了预制构件安装质量、加快了构件生产及现场速度。

2. BIM 在全产业链中的应用

本项目在 EPC 工程总承包的发展模式下，建立以 BIM 为基础的建筑＋互联网的信息平台，通过 BIM 实现建筑在设计、生产、施工全产业链的信息交互和共享，提高全产业链的效率和项目管理水平。

3. 装配式工装系统的设计

本项目在预制构件运输、临时堆放、吊装、安装、验收等环节设计了相对应的工装系统，如预制构件运输架、临时堆放架、吊架、吊梁、钢筋定位框、套筒平行试验架、七字码、钢筋定位框等系列工装，本项目通过各类工装系统的适用，不仅提高了预制构件安装速度，同时，提高了预制构件安装质量和安全系数。

4. 信息化系统

本项目在建设过程中为了更好地对人员、大型设备、施工安全、环境等进行管制，项目部建立了人员实名制系统、人员定位系统、监控系统、大型机械设备监控系统、环境监测系统（PM2.5 和扬尘噪声）等，本项目通过对系列信息化系统的使用，极大地降低了项目管理难度、同时，减少了项目管理成本。

9.2 成都新型工业园服务中心项目

9.2.1 工程概况

新兴工业园服务中心项目为西南第一个装配式公建项目，中建科技作为本项目的 EPC 总承包方。本工程主要使用功能集酒店、商业、办公和公交枢纽于一体。工程占地面积：38498m²，总建筑面积：90630m²，其中 1-1 号楼为办公楼、酒店（图 9.2-1），共 18 层，层高有 5.4m、4.1m、3.6m 三种类型，总高度 74m；1-2 号楼为商业，共 5 层，层高 4.45～5.2m，总高度 24m；2 号楼为商业、公寓楼，共 11 层，标准层层高 3.4m，总高度 42.9m。项目总工期 880 日历天，2016 年 8 月 18 日～2019 年 1 月 15 日。项目酒店及公寓采用预制装配式结构体系，包括 1-1 号楼和 2 号楼。酒店预制率为 55.97%，公寓装配率为 20%。1-1 号楼标准层单层面积约 1100m²，层高 5.4m/4.1m/3.6m，±0.00 以上框架柱，非核心筒区域内梁板均为预制叠合构件，核心筒采用现浇，其主要预制构件种类包括：预制柱、预制梁、预制叠合板、预制阳台、预制楼梯及预制外挂板等，酒店标准层构件种类及数量见表 9.2-1。2 号楼预制构件主要为预制叠合板。

新兴工业园服务中心酒店标准层构件种类 表 9.2-1

预制构件名称	预制外挂板	预制柱	预制叠合梁	预制叠合板	预制楼梯
种类	15 种	3 种	3 种	6 种	1 种
数量	38 块	26 根	38 根	60 块	4 块

图 9.2-1　新兴工业园服务中心项目 1-1 号楼

9.2.2　技术要点

项目部分 1-1 号楼单体建筑采用预制装配式结构，其整体结构施工工艺流程如图9.2-2所示。

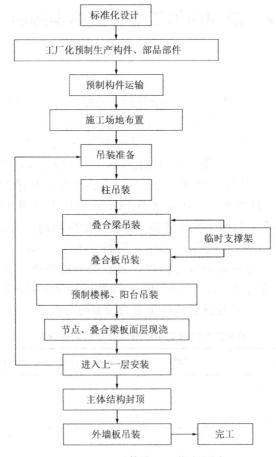

图 9.2-2　整体施工工艺流程图

1. 吊装安装施工技术

预制构件吊装顺序为：预制柱吊装→叠合梁吊装→叠合板吊装→预制楼梯吊装，封顶后再吊装预制外挂板。

吊装按照由远及近的方向，先吊外立面转角处预制柱，叠合梁、叠合板等按照预制柱的吊装顺序分单元进行吊装，以单元为单位进行累积误差的控制。

（1）预制柱的吊装

1）预制柱翻转

预制柱柱底垫设橡胶轮胎，同时对预制柱柱底设置木模板护角防止吊装时破坏，通过预制柱的吊钩利用塔式起重机将其翻转后进行起吊（图9.2-3）。

图 9.2-3　预制柱翻转

2）预制柱起吊

柱子吊装时用卸扣（或吊钩）将钢丝绳与预制柱的预留吊环连接，起吊至距地500mm，检查构件外观质量及吊环连接无误后方可继续起吊，起吊要求缓慢匀速，保证预制柱边缘不被损坏。

3）柱的调节

初调：预制构件从堆放场地吊至安装现场，利用下部柱的定位螺栓（或者钢垫片）进行初步定位，因此初步就位后预制构件的水平位置相对比较准确，后面只需进行微调即可。

定位调节：根据控制线精确调整预制柱底部，使底部位置和测量放线的位置重合。

高度调节：构件标高水准仪来进行复核。每块柱吊装完成后须复核，每个楼层吊装完成后再次统一复核。复核后对于不满足标高要求的构件，需重新起吊构件，调节螺栓（或钢垫片）的标高，再次安装。

垂直度调节：构件垂直度调节采用可调节斜拉杆，通过旋转杆件，可以对预制构件顶部形成推拉作用，起到板块垂直度调节的作用。

（2）叠合梁的吊装（图9.2-4）

1）叠合梁吊装过程中，在作业层上空500mm处略作停顿，根据叠合梁位置调整叠合梁方向进行定位。吊装过程中注意避免叠合梁上的预留钢筋与柱头的竖向钢筋碰撞，叠合梁停稳慢放，以免吊装放置时冲击力过大导致板面损坏。

2）叠合梁落位后，先对叠合梁的底标高进行复测，同时使用水平靠尺的水平气泡观察叠合梁是否水平，如出现偏差，及时对叠合梁和独立固定支撑进行调节，待标高和平整度控制在安装误差内之后，再进行摘钩。

3) 梁端使用扣件对两端进行固定。梁长度大于 4m 的底部支撑应不少于 3 个。

4) 次梁采用搁置式时直接搁置在牛担板上，保证两端部的满堂架支撑不收力。

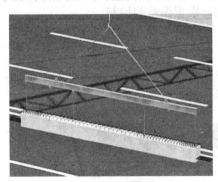

图 9.2-4　叠合梁吊装示意

（3）叠合板的吊装（图 9.2-5）

1) 初步定位：按顺序根据梁上所放出的楼板侧边线及支撑标高，缓慢下降落在支撑架上。安装就位时，一定要注意按箭头方向落位同时观察楼板预留孔洞与水电图纸的相对位置（以防止构件厂将箭头编错）。叠合板安装时短边深入梁上 15mm，叠合板长边与梁或板与板拼缝见设计图纸。

2) 调整：根据控制线以及标高精确调整构件的水平位置、标高、垂直度，使误差控制在本方案允许范围内。

3) 检查：叠合楼板吊装完后全数检查支撑架的受力情况，以及板与板拼缝处的高差（此处高差应在 3mm 以内）。

4) 取钩：检查下面支撑及板的拼缝，使所有支撑杆件受力基本一致，板底拼缝高低差小于 3mm，确认后取钩。

叠合板吊装过程中，在作业层上空 500mm 处略作停顿，根据叠合板位置调整叠合板方向进行定位。吊装过程中注意避免叠合板上的预留钢筋与叠合梁箍筋碰撞，叠合板停稳慢放，以免吊装放置时冲击力过大导致板面损坏。

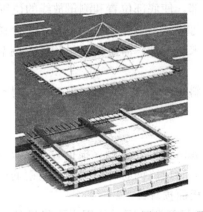

图 9.2-5　叠合板吊装示意

（4）预制楼梯安装（图 9.2-6）

1）吊具安装：根据构件形式选择合适的吊具，因楼梯为斜构件，吊装时用 2 根同长钢丝绳 4 点起吊，楼梯梯段底部用 1 根钢丝绳分别固定两个吊钉。楼梯梯段上部由 1 根钢丝绳穿过吊钩两端固定在两个吊钉上（下部钢丝绳加吊具长度应是上部的 2 倍）。

2）安装、就位：根据梯段两端预留位置安装，安装时根据图纸要求调节安装空隙的尺寸。

3）检查、校核：梯段就位前休息平台叠合板须安装调节完成，因平台板需支撑梯段荷载。检查梯段支撑面叠合板的标高是否准确，梯段支撑面下部支撑是否搭设完毕且牢固。

4）楼梯板固定后，在预制楼梯板与休息平台连接部位采用灌浆料进行灌浆，灌浆要求从楼梯板的一侧向另外一侧灌注，待灌浆料从另一侧溢出后表示灌满。

 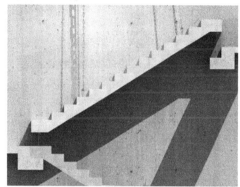

图 9.2-6　楼梯吊装示意

（5）预制外挂板安装（图 9.2-7）

1）当塔式起重机或其他起重机器把外墙板调离地面时，检查构件是否水平，各吊钉的受力情况是否均匀，使构件达到水平，各吊钩受力均匀后方可起吊至施工位置。

2）在距离安装位置 500mm 高时停止塔式起重机或其他起重机下降，检查墙板的正反面应该和图纸正反面一致，检查地上所标示的位置是否与实际相符。

3）根据楼面所放出的墙板侧边线、端线、垫块、外墙板下端的连接件（连接件安装时外边与外墙板内边线重合）使外墙板就位。

4）初步就位：预制构件从堆放场地吊至安装现场，由 1 名指挥工、2～3 名操作工配合，利用上部墙板的固定螺栓和下部的定位螺栓进行初步定位，因此初步就位后预制构件的水平位置相对比较准确，后面只需进行微调即可。

5）初步就位后进行外挂板斜拉杆的安装，在塔式起重机松钩前完成上部螺栓的加固连接。

6）定位调节：根据控制线精确调整外墙板底部，使底部位置和测量放线的位置重合。

7）高度调节：构件标高通过水准仪来进行复核。每块板块吊装完成后须复核，每个楼层吊装完成后须统一复核。高度调节前须做好以下准备工作：引测楼层水平控制点；每块预制板面弹出水平控制线；相关人员及测量仪器，调校工具到位。

8）垂直度调节：构件垂直度调节采用可调节斜拉杆，每一块预制构件设置 4 道可调节斜拉杆，拉杆后端均牢靠固定在结构楼板上。拉杆顶部设有可调螺纹装置，通过旋转杆件，可以对预制构件顶部形成推拉作用，起到板块垂直度调节的作用。构件垂直度通过垂准仪来进行复核。每块板块吊装完成后须复核，每个楼层吊装完成后须统一再次复核。

9）外挂板就位后，立即进行焊接固定，焊接采用单面焊。完成焊接后拆除斜支撑。

图 9.2-7 外挂板吊装示意

2. 柱底灌浆施工技术

（1）工艺流程（图 9.2-8）

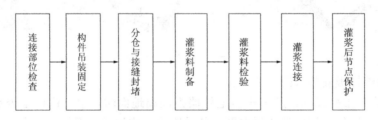

连接部位检查 → 构件吊装固定 → 分仓与接缝封堵 → 灌浆料制备 → 灌浆料检验 → 灌浆连接 → 灌浆后节点保护

图 9.2-8 灌浆工艺流程图

（2）前期准备工作

1）灌浆料的运输与存放

现场存放灌浆料时需搭设专门的灌浆料储存仓库，要求该仓库防雨、通风，仓库内搭设放置灌浆料存放架（离地一定高度），使灌浆料处于干燥、阴凉处。

2）器具准备

灌浆操作时需要准备的机具包括量筒、桶、搅拌机、灌浆筒、电子秤等，根据墙板灌注数量，配置一定量的灌浆料。

（3）灌浆料制备

1）搅拌和使用时间

灌浆料的制备要严格按照其配比说明书进行操作，其可用机械搅拌或人工搅拌，建议用机械搅拌。拌制时，记录拌合水的温度，先加入 80% 的水，然后逐渐加入灌浆料，搅拌 3～4min 至浆料黏稠无颗粒、无干灰，再加入剩余 20% 的水，整个搅拌过程不能少于 5min，完成后静置 2min。搅拌地点应尽量靠近灌浆施工地点，距离不宜过长；每次搅拌量应视使用量多少而定,以保证 30min 以内将料用完。

2) 流动度检测

灌浆料制备完毕待气泡消除后应进行流动度测试,流动度测试指标见表 9.2-2,检测不合格的灌浆料则重新制备。

灌浆料拌制及流动度检测　　　　表 9.2-2

检测项目		性能指标
流动度	初始	≥300mm
	30min	≥260mm
抗压强度	1d	≥35MPa
	3d	≥60MPa
	28d	≥85MPa
竖向自由膨胀率	24h 与 3h 差值	0.02%～0.5%
氯离子含量		≤0.03%
泌水率（%）		0

3) 注浆施工

砂浆封堵 24h 后可进行灌浆,拟采用机械灌浆(图 9.2-9)。浆料从下排灌浆孔进入,灌浆时先用塞子将其余下排灌浆孔封堵,待浆料从上排出浆孔溢出后将上排进行封堵,再继续从下排灌浆至无法灌入后用塞子将其封堵,以此步骤对每个套筒进行逐个灌浆,不得从四侧同时进行灌浆。

要求注浆连续进行,每次拌制的浆料需在 30min 内用完,灌浆完成后 24h 之内,预制柱不得受到振动。

单个套筒灌浆采用灌浆枪或小流量灌浆泵;多接头连通腔灌浆采用配套的电动灌浆泵。

灌浆完成浆料凝前,巡检已灌浆接头,填写记录,如有漏浆及时处理;灌浆料凝固后,检查接头充盈度。

图 9.2-9　注浆施工示意

4）试件制作

灌浆施工过程中，需制作同条件试块与试件（图 9.2-10、图 9.2-11）。灌浆料需留置同条件试块，每层留置一组试块，每组 3 块，试块规格为 40mm×40mm×160mm；灌浆操作每完成 500 个钢筋连接套筒做一组试件，每组试件 3 个接头，试件留置时，需在安放架上操作完成灌浆，并进行标养 28d 养护。

图 9.2-10　灌浆套筒连接试件固定模型及试件制作示意

图 9.2-11　灌浆料同条件试块制作模具示意

3. 支模技术

梁板支模考虑整体搭设 5.4m、4.1m、3.6m 高的满堂架，满堂架使用的材料为键槽承插式脚手架、顶托、100mm×100mm 方木。

考虑叠合板和叠合梁均有一定强度的抗弯能力（设计要求的立杆间距不大于 1.8m），因此可以不设置龙骨，叠合部分的满堂架立杆间距设置为 1200mm，水平杆设置 3~4 层，步距为 1500mm。

叠合梁采用梁底单排顶撑，顶撑下部 200mm 处增加一道水平杆，顶托上设置钢管作为主龙骨，并用扣件将梁夹住固定。结合工程特点本项目梁下支撑间距 1200mm。

吊装完后需要调整每根梁底的顶托，使之完全顶紧。

主次梁部位单独设置一根独立支撑。

4. 成品保护技术

（1）构件运输及存放

构件运输过程中一定要匀速行驶，构件运输过程中应严禁超速、急刹车。车上应设有专用架，且需有可靠的稳定构件措施，用钢丝带加紧固器绑牢，以防运输受损。

（2）构件吊装

预制构件吊装时，起吊、回转、就位与调整各阶段应有可靠的操作与防护措施，以防预制构件发生碰撞扭转与变形。预制楼梯起吊、运输、码放和翻身必须注意平衡，轻起轻放，防止碰撞，保护好楼梯阴阳角。

（3）现浇层定位筋保护

1）在主楼地下柱子浇筑前绑扎定位插筋，然后用钢筋措施件固定插筋位置，避免在浇筑混凝土时插筋跑偏，导致柱子安装不上。

2）在浇筑地下柱子之前插筋采用塑料薄膜包裹严实保护其不被混凝土砂浆污染。

3）在浇筑地下柱子完成后与预制墙板吊装前将插筋上塑料薄膜去除干净，避免遗留污染物。

（4）构件预埋件保护

1）柱预埋螺栓保护

①在浇筑楼板前与附加钢筋及主筋焊接定位预埋螺栓。

②在浇筑楼板前将预埋螺栓预留丝扣处采用塑料胶带包裹密实，以免被混凝土污染、导致墙板支撑安装出现问题。

③在浇筑楼板完成后及安装柱支撑之前将预埋螺栓上塑料胶带拆除干净，以免安装支撑时出现问题。

2）楼梯处预埋件保护

①在浇筑楼梯间地板之前将楼梯埋件参照楼梯深化图中楼梯上埋件位置定位准确。

②在吊装预制楼梯之前将楼梯埋件处砂浆灰土等杂质清除干净，与预制楼梯处埋件焊接。

3）外挂板预埋件保护

吊装之前需对预制外挂板的预埋吊装螺母进行保护，以防外挂板存放过程中螺母进水锈蚀。

（5）预制构件保护

1）预制外挂板成品保护

①预制外挂板进场后按照指定地点摆放且不得超过4层，堆放时垫木堆放构件跨中1/3位置处。

②预制外挂板的四个角采用橡塑材料成品护角；吊装墙板时与各塔式起重机信号工协调吊装，避免碰撞造成损坏。

③预制墙板窗洞口保护采用现场废弃多层板制作图 9.2-12 所示 C 形构件护窗洞口下部不被损坏。

2）预制柱、梁保护

①预制梁柱进场后按照指定地点摆放，摆放时将方

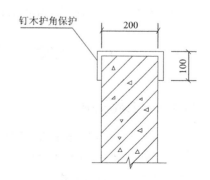

图 9.2-12　预制墙板窗洞口保护示意

木垫在梁柱下，避免其与地面直接接触损坏。

②在吊装前将梁柱四角用橡塑材料成品护角。

③在吊装过程与吊装完成后，梁柱清水面如有砂浆等污染应及时处理干净。吊装墙板时与各塔式起重机信号工协调吊装，避免碰撞造成损坏。

3）预制楼梯保护

①预制楼梯板进场后堆放不得超过 4 层，堆放时垫木必须垫放在的楼梯吊装点下方。

②在吊装前预制楼梯采用多层板钉成整体踏步台阶形状保护踏步面不被损坏，并且将楼梯两侧用多层板固定做保护，踏步上多层板留出吊装孔洞以便吊装时使用。

4）预制阳台、叠合板保护

①预制阳台、叠合板进场后堆放不得超过 4 层。

②吊装预制阳台之前采用橡塑材料成品护阳角。

③预制阳台、叠合板在施工吊装时不得野蛮施工，不得踩踏板上钢筋，避免其偏位。

9.2.3 总结

1. 标准化设计

设计时根据建筑特点，将建筑标准化、模块化，尽可能减少结构构件、部品部件种类，将结构拆分成柱、梁、板、楼梯等标准化构件，方便构件生产、运输、施工。

2. 机械化装配施工

现场施工大多采用机械化安装，构件通过吊装器械吊装就位，方便现场的安装与管理，施工速度快，提高了工作效率，人工数量较传统作业大大减少，保证工期。

3. 工程总承包

装配式框架结构施工，构件标准化生产，现场机械化施工，人员专业化分工，有利于实现精益化管理，提高装配效率，倡导采用 EPC 总包管理模式，实现科学管理一体化。

4. 安全、环保

安全工装防护设施的使用，构件的标准化，操作人员的专业化，施工工艺的程序化，降低了作业难度，使施工危险出现的概率大大减少，保证了安全施工。

整体装配式混凝土结构建筑构件采用工厂化进行生产，现场采用机械进行吊装安装，除墙体连接节点部位和叠合板现浇层采用混凝土现浇作业外，基本避免了现场湿作业，减少建筑垃圾约为 60%，节约施工养护用水约为 70%，减少了现场混凝土振捣造成的噪声污染、粉尘污染，在节能环保方面优势明显。

9.3 中建·观湖国际（二）期 13 号楼项目

9.3.1 工程概况

该项目位于郑州市经济开发区第十三大街与经南八路交叉口东北角，所处地貌为黄河冲积平原，整个场地地势起伏较大，最大高差 3.4m，场地稳定。拟建建筑面积 122677.665m²，地上建筑面积 88312.36m²，包括 1～5 号楼五幢高层住宅，其中 1 号、2 号、4 号楼均为 33 层，3 号、5 号楼为 31 层，6～12 号六幢为多层住宅，均为 7 层，以及商业 1 号楼和 13 号楼（图 9.3-1）。本工程为中建观湖国际（二期）项目 13 号楼（图 9.3-1），抗震等级二级，7 度设防，总建筑面积为 10271.55m²，地下 2 层，地上 27 层，建筑总高度 78.53m。地下 2 层及地上 1～4 层为现浇剪力墙结构，地上 5～27 层采用全装配式剪力墙结构。

图 9.3-1　观湖国际（二）期 13 号楼项目

9.3.2　技术要点

1. 本工程难点

（1）本工程预制构件包括预制外墙板、内墙板、叠合楼板、预制楼梯、隔墙和预制装饰板等多种类型，每种类型又有多种型号。因此在加工前，应按照总进度计划排出预制构件加工专项计划，其中包括预制构件加工深化图纸绘制及确认、预制构件材料采购、预制构件制作、预制构件运输等内容。构件的加工计划、运输计划和每辆车构件的装车顺序紧密地与现场施工计划和吊装计划相结合，确保每个构件严格按实际吊装时间进场，才能保证现场施工的连续性。

（2）装配式施工配套技术和资源还不完善：工程建设时，河南省尚未有施工完成的全装配式剪力墙结构项目（套筒灌浆连接）可供借鉴，且没有配套成熟的施工经验和施工技术，没有熟练的产业化工人，甚至没有与之匹配验收规程，给现场的施工及项目验收等过程带来了很大的难度。

（3）本工程跨越雨期和冬期施工，需要采取有效的冬、雨期施工措施；规范要求套筒灌浆作业在环境温度低于 5℃时不宜施工，低于 0℃时禁止施工作业。因此进入冬期施工作业段时必须对现场环境温度进行实时监控，确保施工作业的质量，必要时需要采取有效的措施。在温度环境限制的条件下如何保证冬期套筒灌浆作业的质量是本工程的主要难点。

（4）装配式结构体系为新工艺，工人操作难度大，墙体位置及标高等控制要求精准；

预制构件运输、现场存放等需做好成品保护，防止过程中对构件产生破坏。构件安装完成后无需抹灰，因此给现场施工过程中构件的成品保护带来了一定难度。

（5）本工程预制率及装配率均比较高，构件种类多、自重大、最大构件自重达 6.7t，吊装作业难度大，施工作业项目多，顺序要求严格，安全注意事项较多。墙体需要采用临时支固定。

2. 建筑图深化设计

（1）施工采用全预制装配形式，本工程预制构件分为：预制外墙；预制内墙、预制叠合楼板、叠合式预制空调板、预制楼梯及外装饰造型等。

（2）在装配式建筑方案设计阶段，应协调建设、设计、制作、施工各方之间的关系，并应加强建筑、结构、设备、装修等专业之间的配合，深化设计具体内容如图 9.3-2 所示。

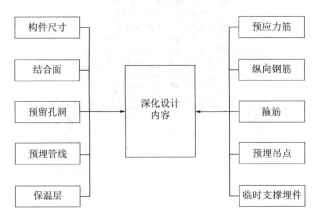

图 9.3-2 深化设计内容

（3）利用拆分设计软件进行构件二维、三维设计，标准层预制及现浇节点拆分三维建模如图 9.3-3 所示，剪力墙构件预制深化图如图 9.3-4 所示，标准层预制构件拆分及编号平面图如图 9.3-5 所示。

图 9.3-3 三维建模

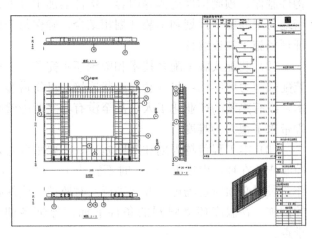

图 9.3-4 剪力墙构件预制深化图

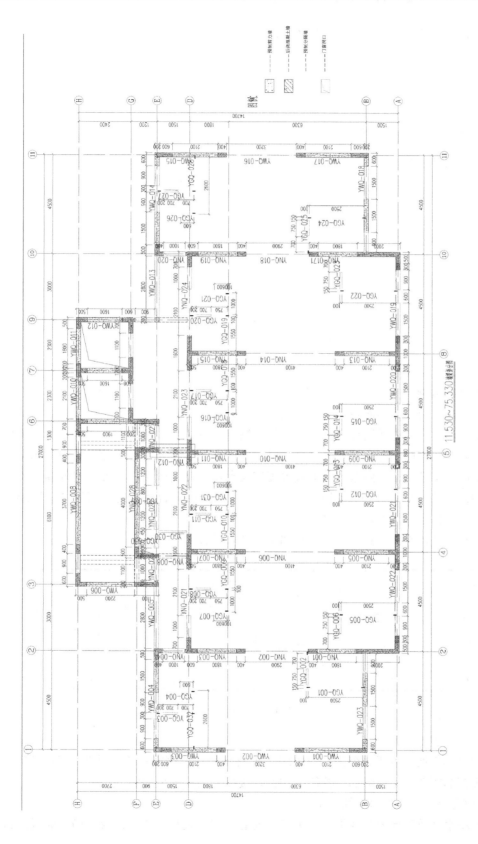

图9.3-5　标准层预制构件拆分及编号平面图

（4）叠合板预制及现浇节点拆分和构件编号平面图如图 9.3-6 所示。

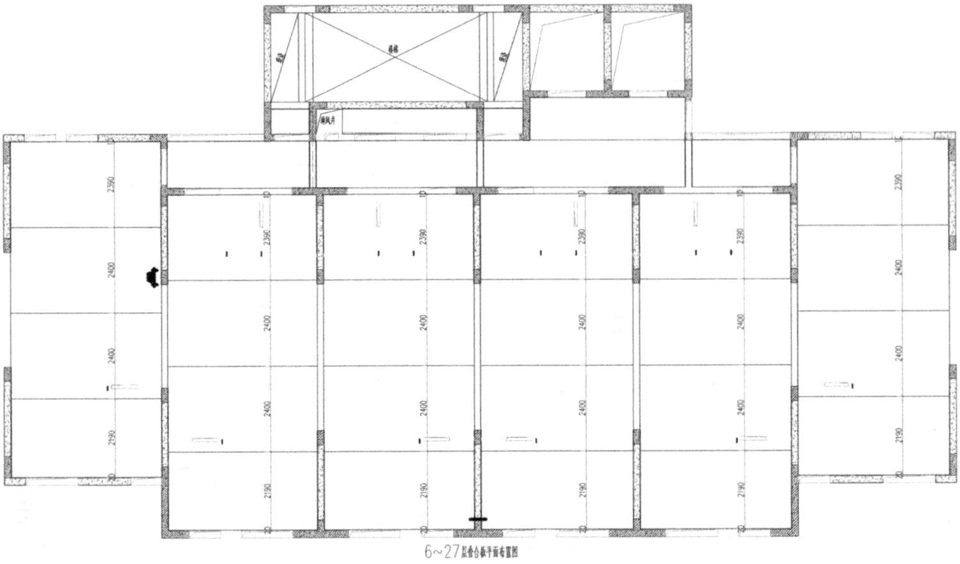

图 9.3-6　叠合板预制及现浇节点拆分和构件编号平面示意

3. 构件预制生产

（1）生产车间整体平面布置

根据构件制作工艺及流程安排，本工程预制主要在生产车间内进行。所有预制构件和施工现场需要的钢筋均在车间加工进行配送。生产车间主要分为三部分，其中南侧车间主要放置钢筋生产设备；南侧车间西侧放置固定模台，主要生产楼梯、带飘窗外墙、外造型等异形构件；北侧车间为 PC 流水线车间，主要生产楼层叠合板、内外墙等"一字形"构件，物流及构件运输均通过行车进行。

生产车间整体平面布置及工艺流程如图 9.3-7 所示。

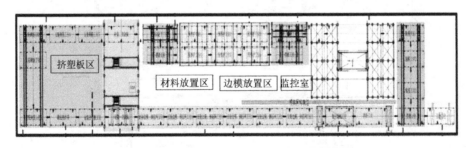

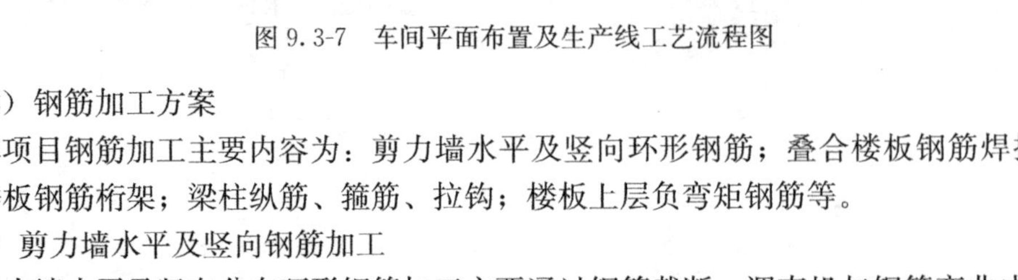

图 9.3-7　车间平面布置及生产线工艺流程图

（2）钢筋加工方案

本项目钢筋加工主要内容为：剪力墙水平及竖向环形钢筋；叠合楼板钢筋焊接网片；叠合楼板钢筋桁架；梁柱纵筋、箍筋、拉钩；楼板上层负弯矩钢筋等。

1）剪力墙水平及竖向钢筋加工

剪力墙水平及竖向分布环形钢筋加工主要通过钢筋截断、调直机与钢筋弯曲成型机进行，钢筋的连接方式为搭接连接。钢筋弯曲成型后，应复核相应尺寸和规格，标识清楚后放置堆放架上堆放整齐。

2）钢筋焊接网片加工

钢筋焊接网片主要用于叠合板受力钢筋，焊接网全部采用电阻焊。钢筋焊接网焊接网交叉点开焊数量不应超过整张焊接网交叉点总数的1%，焊接网最外侧钢筋上的交叉焊点不应开焊，焊接网表明不应有影响使用的缺陷，钢筋焊接网片如图9.3-8所示。

图9.3-8　钢筋焊接网片成品

3）钢筋桁架

钢筋桁架主要用于叠合楼板。本项目设计桁架高度为85mm，宽度为150mm，桁架筋长度同叠合板跨度。桁架加工采用自动桁架焊接进行，桁架腹杆钢筋采用直径4mm冷拔丝，上下弦钢筋采用直径8mmHRB400级钢筋，如图9.3-9所示。

图9.3-9　钢筋桁架成品

4）其他钢筋加工

主要包括梁柱纵筋、箍筋、拉钩等，与传统钢筋加工工艺相同。

（3）叠合楼板预制生产方案

本项目叠合楼板总厚度为140mm厚，其中在工厂预制60mm，现场现浇80mm，叠合板主要跨度为4320mm，宽度为1800mm、2000mm、2100mm、2400mm等。

预制叠合楼板生产工艺流程如图9.3-10所示。

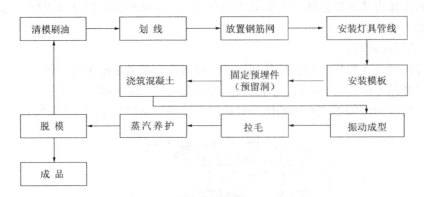

图 9.3-10 预制叠合楼板生产工艺流程

（4）内墙预制施工方案

预制内墙板分为预制剪力墙板和预制填充墙板，剪力墙板采用普通混凝土预制；填充墙板采用陶粒混凝土预制，采用一次成型工艺时，连接件安装和内叶墙板混凝土浇筑应在外叶墙板混凝土初凝前完成，且不宜超过 2h。预制内墙板配筋示意如图 9.3-11 所示。

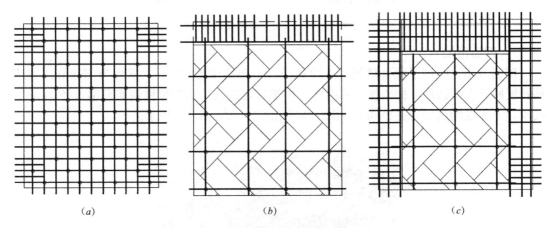

（a）   （b）   （c）

图 9.3-11 预制内墙板配筋示意
（a）剪力墙；（b）填充墙；（c）剪力墙和填充

预制内墙板生产工艺流程如图 9.3-12 所示。

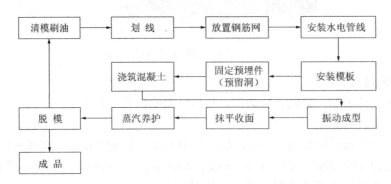

图 9.3-12 预制内墙生产工艺流程

（5）夹心保温外墙预制方案

预制外墙板分为三层，从内向外依次为结构层、保温层和保护层。剪力墙外墙板结构层浇筑普通混凝土。先浇筑外叶墙板混凝土、铺装保温板、安装连接件及浇筑内叶墙板混凝土，如图 9.3-13 所示。

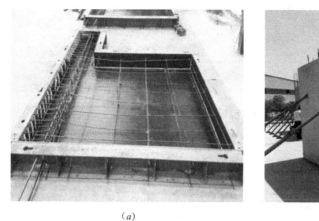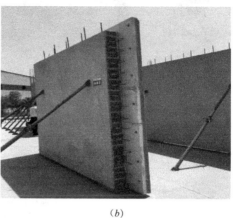

（a）   （b）

图 9.3-13　预制夹心外墙

（a）预制夹心板模具；（b）预制外墙板

预制外墙板生产工艺流程图（反打法）如图 9.3-14 所示。

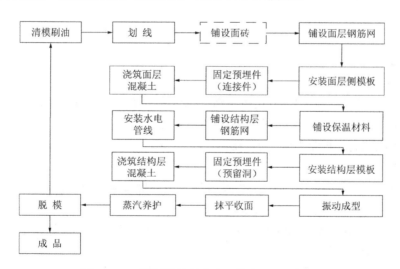

图 9.3-14　预制外墙板生产工艺流程（反打法）

（6）预制楼梯生产方案

楼梯模板采用专用钢模板，模板主要有踏步模板、底板模板、端模板和模台组成。楼梯模板及成品如图 9.3-15 所示。

预制楼梯梯段生产工艺流程如图 9.3-16 所示。

图 9.3-15　楼梯模板及成品

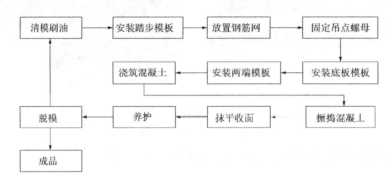

图 9.3-16　预制楼梯梯段生产工艺流程

4. 施工工艺流程

（1）施工工艺

本工程采用全预制装配整体式混凝土剪力墙体系，依照构件拆分及连接节点构造确定本工程预制结构施工工艺流程如图 9.3-17 所示，在完成下层预制构件吊装及现浇节点、叠合层混凝土浇筑后，再向上施工上一层结构。

（2）施工关键点

1）平面定位、轴线控制，墙体安装平整度、垂直度及墙体位置控制。

2）现浇节点部位铝模板支设及混凝土浇筑。

3）楼板采用叠合楼板，60mm 预制，80mm 现浇，现浇厚度较薄，养护不到位易产生裂缝，因此混凝土浇筑及养护为本工程重点。

4）钢筋套筒灌浆连接质量是保证上下墙体结构整体性的重要措施之一，但目前尚没有套筒灌浆作业质量检测方法，因此对灌浆料质量及强度，灌浆料的制作工艺，灌浆饱满度，灌浆作业过程提出了很高的要求，并要对灌浆作业全过程进行跟踪记录，因此灌浆作业是本工程的重点之一。

5）预制墙体安装后的临时固定、构件安装的误差控制（主要体现在墙板的平面偏差、标高偏差和垂直度偏差的控制和调节）、现浇连接节点部位钢筋绑扎及合理化的施工作业顺序也需要重点把控。

6）外造型安装、定位、连接及保证外立面整体效果同样是本工程的重点。

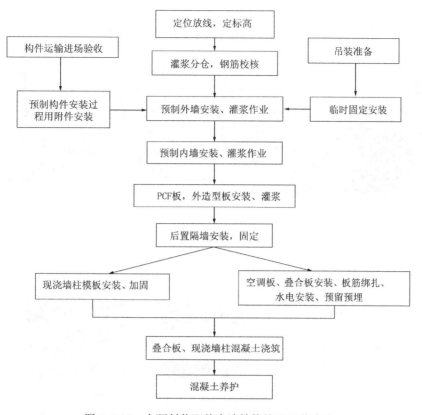

图 9.3-17　全预制装配剪力墙结构施工工艺流程

（3）构件安装

1）墙体安装：

吊装工艺流程：挂钩、检查构件水平→安装、就位→调整固定→取钩。

①利用外附着式塔式起重机进行预制剪力墙进行垂直运输，剪力墙构件通过吊具起吊平稳后再匀速转动吊臂，靠近建筑物后由信号工指挥塔式起重机缓慢地将构件吊装至需要安装位置，然后缓慢降落。

②当剪力墙下落至作业层上方 500mm 左右时，停止下降，调整墙体位置，检查墙体方向是否正确，无误后方可缓慢降落。下落过程安装人员扶持缓缓下降墙板，使上层墙板下部套筒与下层墙板上部钢筋对正，如图 9.3-18 所示。

③吊装工人按照墙体定位线将墙板落在初步安装位置。墙体落到位后进行临时固定，然后对墙体的垂直度平整度进行调整。平面位置的调节主要是墙板在平面上左右位置的调节，平面位置误差不得超过 2mm。

2）楼梯安装

楼梯吊装流程如图 9.3-19 所示。

①根据施工图纸，弹出楼梯安装控制线，对控制线及标高进行复核。

②在楼梯段上下口梯梁处铺 10mm 厚水泥砂浆坐浆找平，找平层灰饼标高要控制准确。

（*a*）　　　　　　　　　　　　　　　　　（*b*）

图 9.3-18　剪力墙安装

（*a*）剪力墙垂直度调整；（*b*）安装完成示意

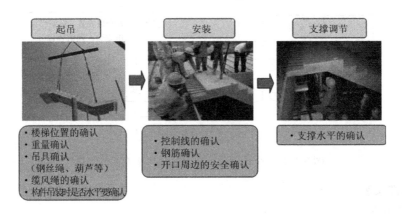

图 9.3-19　楼梯吊装流程

③预制楼梯板采用水平吊装，用专用吊环与楼梯板预埋吊装螺杆连接，确认牢固后方可继续缓慢起吊，待楼梯板吊装至作业面略作停顿，根据楼梯板方向调整，就位时要求缓慢。楼梯板基本就位后，根据控制线，利用撬棍微调，校正。

3）叠合板吊装

①叠合板吊装时设置4～6个吊装点，吊装点利用板内预埋吊环或钢筋桁架上腹筋及腰筋焊接点，吊点在顶部合理对称布置，利用四边形型钢自平衡吊装架。

②叠合板吊装过程中，在作业层上空300mm处略作停顿，根据叠合板位置调整叠合板方向进行定位。

③叠合板放置到临时支撑三脚架上并伸到墙体内不小于10mm，叠合板与叠合板之间采用密拼方式连接，中间不留缝隙。叠合板支撑采用可调节式三脚架加独立支撑的方式，与墙体采用螺栓固定。叠合板吊装如图9.3-20所示。

4）内隔墙安装

13号楼内隔墙主要指卫生间及厨房100mm厚内隔墙，为户内分隔墙。

 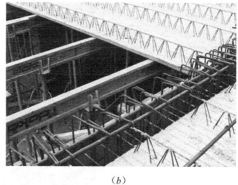

(a)   (b)

图 9.3-20　叠合楼板吊装示意

(a) 安装位置调整；(b) 竖向支撑示意

①内外墙吊装施工完成后，安装卫生间及厨房内隔墙。安装前应在板上弹出内隔墙边线，根据墙体编号依次安装。

②隔墙吊装前应测定标高，根据测量结果在底部放置调节标高用垫片。安装内隔墙前在内隔墙底部铺一定厚度的水泥砂浆，以填充隔墙与楼板间的缝隙。安装效果如图 9.3-21 所示。

图 9.3-21　内隔墙安装示意

5）空调板安装

按照预制剪力墙安装工艺，空调板设置在与楼承板相同标高位置，与上下层剪力墙及同层楼板叠合板形成水平十字接头构造，空调板上叠合层需要与楼板叠合层同时浇筑，并将预留锚固钢筋锚固在现浇暗梁内。因此空调板必须在上层剪力墙吊装前就位，现场安装+2.9m 空调板时采用落地脚手架支撑方式，待+2.9m 层安装完毕后，在依次向上原位搭设脚手架或安装两个三脚架用于空调板支撑，下侧脚手架或三脚架在现场浇筑达到拆除模架条件时进行拆除，上层支架依靠下侧空调板自身强度支撑。

6）节点施工

①每片墙体就位完成后，应及时对墙板缝隙进行封堵。封堵时，里面加衬（内衬材料可以是软管、PVC 管，也可用钢板）。一段抹完后抽出内衬进行下一段填抹。段与段结合的部位、同一构件或同一仓要保证填抹密实。

②灌浆套筒施工（图 9.3-22）。用灌浆泵（枪）从接头下方的灌浆孔处向套筒内压力

灌浆。同一仓只能在一个灌浆孔灌浆，不能同时选择两个以上孔灌浆；同一仓应连续灌浆，不得中途停顿。接头灌浆时，待接头上方的排浆孔流出浆料后，及时用专用橡胶塞封堵。灌浆泵（枪）口撤离灌浆孔时，也应立即封堵。

图 9.3-22　套筒灌浆作业

③本工程竖向现浇节点与叠合板现浇混凝土同时浇筑施工。竖向现浇节点主要有"一字形"、"T形"、"L形"、"十字形"四种节点，分别如图 9.3-23 所示。

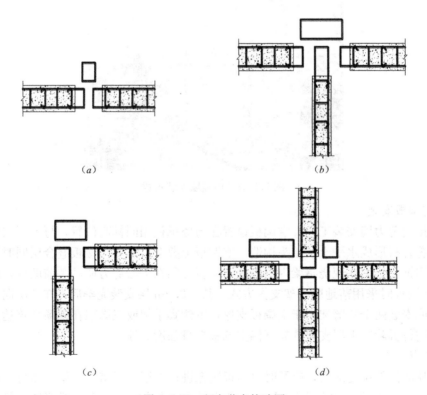

图 9.3-23　竖向节点构造图
(a) 一字形连接构造图；(b) T形连接构造图；
(c) L形连接构造图；(d) 十字形连接构造图

④叠合板钢筋绑扎（图9.3-24）：待机电管线铺设、连接完成后，根据在叠合板上方钢筋间距控制线进行钢筋绑扎，保证钢筋搭接和间距符合设计要求。

图9.3-24 叠合板钢筋绑扎

9.3.3 总结

1. 工程质量

（1）该项目所有预制构件均采用自动化流水线生产，可有效控制构件尺寸、表面平整度及混凝土浇筑质量，构件养护在高温养护仓内完成，有效避免了现浇结构的质量通病。装配式建筑施工完成后墙面无需抹灰，可以有效杜绝墙体开裂、空鼓等常见质量问题。

（2）外墙板采用预制夹心保温外墙板，从内向外依次为结构层、保温层和保护层，实现了外墙结构与保温一体化，既可满足外墙节能保温要求，同时又能提高外墙保温的耐久性，达到保温与结构同等寿命的效果，免去传统外保温25年翻修的难题。

2. 实施情况

（1）缩短工期：项目部管理人员多次组织专题会讨论施工方案，积极总结经验教训，目前，项目已从5层顺利施工至12层，已完成建筑面积约2768m²、预制构件吊装1224余个，施工速度已逐步稳定到7d 1层，基本满足了工程进度的要求，相比于传统现浇施工模式，采用装配式施工，同样建筑面积现场用工量可减少约60%，可缩短建设总工期1/4。

（2）节约资源：采用装配式结构施工完成后墙体不需要抹灰，可直接涂刷墙面装饰材料，增加约3%的建筑使用面积。施工现场无需设置专门的加工场地，只需要存放少量的周转料具。叠合板的使用可以简化支撑体系，省去了大量的模板支撑架。据统计，该项目可以减少脚手架和模板用量50%以上，因此可以节省大量的材料存放场地。

（3）绿色施工：装配式建筑颠覆了传统的施工模式，现场不需要大面积浇筑混凝土、不需要砌筑二次结构、减少了大量的现场湿作业，从而减少了现场对水资源的消耗。并采用铝模板施工，现场不产生建筑垃圾、施工更安全，施工现场整洁，不会像使用木模板那样产生大量的建筑垃圾，完全达到绿色建筑施工标准。

（4）人才培养：要实现推广装配式建筑的行动计划，关键在于培养掌握现场施工技能的从业人员。项目部管理人员通过前期的工作，丰富了的理论知识和现场经验，培养出了一批具有实践经验的建筑工业化人才，并在公司相关项目的施工作业中发挥了重要的作用。

3. 节约人工

该项目单层建筑面积约 345m²，所有构件采用工厂化预制，现场吊装施工，机械化程度高，构件吊装只需几个安装人员即可，单层施工作业人员共计 18 人。装配式现场施工主要内容为墙体吊装、叠合板吊装、现浇节点钢筋绑扎、现浇部位模板安装固定，且墙体及叠合板吊装主要依靠塔式起重机，现场需要人工作业内容大幅度减少，大量复杂的工序在工厂完成，因此能够大大提高施工现场工人的作业效率，总体建造效率提高约 50%。

4. 社会效益

作为中原地区具有示范意义的装配式住宅项目，中建·观湖国际（二）期 13 号楼得到了社会各界的高度关注。项目实施过程中不断有政府相关部门、业内同行和高等院校人员莅临项目检查、指导、交流和学习，取得了良好的社会效益。开工以来，住建部领导及专家、河南省建设厅、郑州市建委、各地市相关管理部门领导、业内专家、房地产开发商以及施工单位等多次莅临项目参观交流，为我公司装配式建筑产业化创造了较好的社会影响力，为全省全面推进装配式建筑的快速发展奠定了坚实的基础。

9.4 深港新城项目案例

9.4.1 工程概况

中建·深港新城一期工程，总用地面积 35125.02m²，总建筑面积 80665.6m²，容积率为 2.3，绿化率为 30%。由 2 栋 17 层、4 栋 15 层的住宅及 3 栋设备用房组成。其中住宅体系为装配式混凝土结构，采用工业化的建造方式进行施工。

本工程结构层高为 2.9m，建筑高度为 48.6m。

本工程抗震设防烈度为 6 度，设计基本地震加速度为 0.05g，设计地震分组为第一组，特征周期 0.35s，场地土为 II 类。

工程的主体结构设计为：装配式混凝土剪力墙结构，预制构件之间通过现浇混凝土及套筒灌浆连接形成统一整体。

主体结构采用的预制构件有：预制外墙、预制隔墙、预制内墙、预制叠合梁、预制叠合板、预制叠合阳台、全预制楼梯、PCF 板、空调板共计 9 大类，内隔墙采用蒸压砂加气砌块，局部采用轻质条板隔墙。

室外工程采用的预制构件主要有：预制轻载道路板、预制重载道路板、装配式围墙。

当前工业化住宅设计中主要构件基本在工程中得以应用，结构预制率约 53%，装配率约 78%。

9.4.2 技术要点

通过标准化设计、工厂化生产、装配化施工、一体化装修和信息化管理，达到工期、质量、安全及成本总体受控的目的。

1. 施工图标准化设计

施工图设计需考虑工业化建筑进行标准化设计。工业化建筑的一个基本单位尺寸是模数，统一建筑模数可以简化构件与构件、构件与部品、部品与部品之间的连接关系，并可为设计组合创建更多方式。为设计阶段简单、方便地应用模数，可以采用整模数来设计空间及构件尺寸，生产阶段则采用负尺寸来控制构件大小。通过标准化的模数、标准化的构配件通过合理的节点连接进行模块组装最后形成多样化及个性化的建筑整体。

2. 构件拆分设计标准化

构件厂根据设计图纸进行预制构件的拆分设计，构件的拆分在保证结构安全的前提下，尽可能减少构件的种类，减少工厂模具的数量（表9.4-1）。

构件数量 表9.4-1

构件类型	构件总量	模具数量
外墙版	4018	13
内墙板	564	2
PCF板	1504	3
叠合梁	2914	10
叠合板	7568	15
叠合阳台	800	1
楼梯	188	2
空调板	500	2
合计	18056	48

3. 设计标准化

预制构件与预制构件、预制构件与现浇结构之间节点的设计，需参考国家规范图集并考虑现场施工的可操作性，保证施工质量，同时避免复杂连接节点造成现场施工困难。

4. 装配式施工工艺

（1）预制墙体安装控制要点

预制墙体安装工艺流程如图9.4-1所示。

需将预制外墙的吊装控制线和预制外墙的定位边线弹出，方便吊装时工人的操作，和七字码的提前安装（图9.4-2）。

根据结构设计图和深化设计图制作钢筋定位卡具，使用卡具对预留钢筋进行初步对孔调节（图9.4-3）。沿着预制外墙的内边线安装固定七字码，方便引导预制外墙的落位（图9.4-4）。

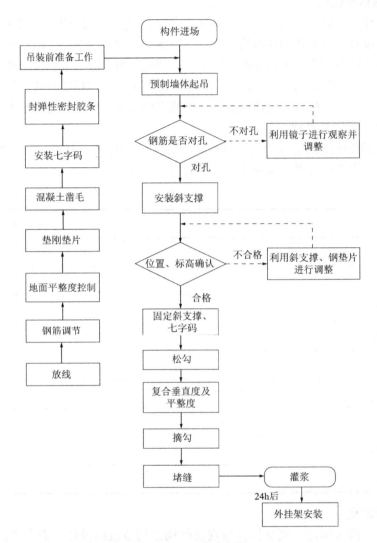

图 9.4-1　工艺流程图

图 9.4-2　定位边线确定

图 9.4-3　钢筋定位卡具

图 9.4-4　固定七字码

使用弹性密封胶条对灌浆区域进行分仓，为后期灌浆做准备（图 9.4-5）。

预制外墙落位后，安装斜支撑。通过斜支撑调节预制外墙的垂直度，预制墙体垂直度调整完成后固定斜支撑，斜支撑固定完成后摘除吊钩。

提前确定对斜撑地面的固定点，与吊装工人及安装工人交底，避免斜撑螺栓与楼面内的管线冲突。

图 9.4-5　弹性密封胶条分仓

预制外墙固定完毕后，立刻由灌浆工人对灌浆区域墙体内侧采用封堵，确保在灌浆前封堵砂浆达到设计强度等级，同时避免对灌浆区域造成污染。

（2）叠合梁、板安装控制要点

叠合梁板采用独立固定支撑作为临时固定措施，独立固定支撑包括竖向独立支撑杆、三脚撑、顶托及 100mm×100mm 方木（图 9.4-6）。

图 9.4-6　叠合梁固定支撑

测量部门将控制轴线引出后，由各楼栋的劳务队将叠合梁板的边线、吊装控制线和标高控制线弹出，方便叠合梁板的吊装。同时使用水准仪复合独立固定支撑上方木的顶标高（即叠合梁板的底侧标高），并对独立固定支撑进行调节（图 9.4-7、图 9.4-8）。

（3）预制阳台安装控制要点

当预制阳台板吊装至作业面上空 500mm 时，减缓降落，由专业操作工人稳住预制阳台板，根据预制阳台定位控制线，引导预制阳台板降落至独立支撑上，通过撬棍（撬棍配合垫木使用，避免损坏板边角）调节预制阳台板水平位移，确保预制阳台满足设计图纸水平分布要求，允许误差为 5mm，叠合板与阳台板平整度误差为 ±5mm。水平定位复核完毕后，通过水准仪复核预制阳台标高，同时调节竖向独立支撑，确保预制阳台板满足设计标高要求，允许误差为 ±5mm。待预制阳台板定位完成后，摘除吊钩（图 9.4-9）。

图 9.4-7　平面控制线

图 9.4-8　标高控制线

图 9.4-9　预制阳台安装

在预制阳台吊装的过程中，使用水平尺放置在预制阳台的反坎顶部，通过水平气泡来观测预制阳台是否水平，通过同步调节底部支撑对预制阳台的平整度进行调节（图9.4-10）。

图 9.4-10　阳台水平检查

（4）预制楼梯安装控制要点

预制楼梯吊装时，由于楼梯自身抗弯刚度能够满足吊运要求，故预制楼梯采用常规方式吊运，即吊索（钢丝绳）＋吊钩。为了保证预制楼梯准确安装就位，需控制楼梯两端吊索长度，确保楼梯两端部同时降落至梯梁上（图9.4-11）。

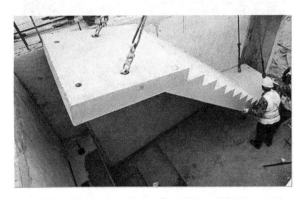

图 9.4-11　预制楼梯安装

预制楼梯吊装完毕后，直接对永久栏杆进行安装，作为楼梯的临边防护，并做好楼梯和永久栏杆的成品保护（图9.4-12）。

图 9.4-12　永久栏杆安装

9.4.3　总结

1. 标准化设计

本项目深化设计阶段采用标准化的设计。采用科学的预制构件拆分方法，建立了一整套具有适应性的模数以及模数协调原则，如标准化的墙体、楼梯、阳台，在此标准之下，实现了构件生产的标准化、工业化，不仅最大限度地较低了生产成本，同时也能很好地满足建筑、机电、结构要求，便于实现预埋线盒等，并且给运输安装带来极大便利，节约了工期，有效地促进建造方式从传统的粗放型向集约型转变。

2. 构件生产阶段的时效性

本项目中提前进行构件生产，适量储存构件，有效地保证了现场工期。构件的生产计划进行合理的排产，总包单位需提前一个月将主体结构施工计划提交至构件厂，构件厂按照计划进行组织构件的生产，且为了保证进度，同一种类构件一般储存3～4层，这就有效避免了因构件出现质量问题而无构件可更换，耽误现场工期的问题。并且在构件在生产时，为了保证构件堆放、出货的合理性，在构件显著位置预埋了芯片，这样在构件出厂时，依靠预制构件信息管理系统（PCIS）能够快速找到所需的构件，保证构件出厂的准确性。

3. 独特的预制构件支撑体系

为了保证构件在安装时稳定性，对于不同构件采用了不同的支撑体系。如预制墙体时支撑体系选用单根斜支撑与七字码相结合的形式进行支撑，支撑体系的上口通过构件上预埋的螺栓进行固定，下口采用膨胀螺栓固定在楼板上；叠合板支撑采用可调独立支撑；预制楼梯单支顶支撑预制梯梁，楼梯板固定在预制梯梁上等，针对不同构件的结构特点，采用不用的支撑体系，通过这种方式有效地保证了安装的可靠性。

参 考 文 献

[1] 王召新．混凝土装配式住宅施工技术研究［D］．北京：北京工业大学，2012．

[2] 蒋勤俭．住宅建筑工业化关键技术研究［J］．北京：科技导航，2003，（09）：34-36．

[3] 阎明伟．装配式混凝土结构施工组织管理和施工技术体系介绍［J］．北京：工程质量，2014，32（6）：13-18．

[4] DB34/T810—2008，叠合板式混凝土剪力墙结构技术规程［S］．北京：中国建材工业出版社，2008．

[5] DB11/T1030—2013，装配式混凝土结构工程施工与质量验收规程［S］．北京：中国建筑工业出版社，2013．

[6] GB/T50328—2014，建设工程文件归档规范［S］．北京：中国建筑工业出版社，2014．

[7] 王宁．建筑工业化典型工程案例汇编［M］．北京：中国建筑工业出版社，2015．

[8] JGJ1—2014，装配式混凝土结构技术规程［S］．北京：中国建筑工业出版社，2014．

[9] GB/T 51231—2016，装配式混凝土建筑技术标准［S］．北京：中国建筑工业出版社，2016．

[10] JGJ1—2014，装配式混凝土结构技术规程［S］．北京：中国建筑工业出版社，2014．

[11] JGT398—2012，钢筋连接用灌浆套筒［S］．北京：中国标准出版社，2012．

[12] JGJ355—2015，钢筋套筒灌浆连接应用技术规程［S］．北京：中国建筑工业出版社，2015．

[13] 中华人民共和国住房与城乡建设部．2011～2015年建筑业信息化发展纲要，2011．

[14] 陈训．建设工程全寿命周期信息管理（BLM）思想和应用的研究［D］．同济大学经济与管理学院，2006．

[15]] 叶浩文，邹俊，孙晖．基于BIM的广州周大福金融中心项目施工总承包管理系统的开发与应用［M］．中国建筑工业出版社，2016．

[16] 杨嗣信．关于建筑工业化问题的探讨［J］．施工技术，2011，40（347）：1-3．

[17] 郝建刚，高惠润，孙阳，刘凯．整体式卫生间安装技术应用［J］．安装，2015，（10）：62-64．

[18] 姚恺．整体厨房卫生间在内装工业化体系下的优势所在［J］．施工技术，2014，（S2）：560-563．

[19] 董晓瑜．陶粒混凝土轻质空心条板隔墙施工技术［J］．山西建筑，2014，（16）：133-135．

[20] 姚恺．住宅内装工业化中整体厨房及卫生间应用问题的研究［D］．燕山大学，2013．

[21] 王晓朦，胡惠琴．住宅适应性工业化内装体系初探——以整体卫生间为例［J］．建筑学报，2012，（S2）：157-161．

[22] 周东珊．精装修住宅防水工程的质量控制［J］．建筑，2011，（12）：68-71．

[23] 高颖．住宅产业化——住宅部品体系集成化技术及策略研究［D］．同济大学，2006．

后　记

　　2016 年 11 月，住房和城乡建设部在上海市召开了全国装配式建筑工作现场会，会上再次强调了发展装配式建筑的重大意义：是贯彻绿色发展理念的需要、是实现建筑现代化的需要、是保证工程质量的需要、是缩短建设周期的需要、是可以催生新的产业和相关服务业的需要，发展装配式建筑是实现建筑工业化的必经之路，是我国现阶段发展建筑工业化最好的时期。

　　装配式建筑是建筑业的一场革命，是生产方式的彻底变革，必然会带来生产力和生产关系的变革。装配式建筑的发展和创新具有诸多优点，我国装配式建筑市场潜力巨大。发展装配式建筑是一次机遇，也是对我们建筑行业从业人员在建筑史进程中的一次重大考验。现阶段，由于各方面工作基础薄弱，当前其发展形势也不能盲目乐观，现阶段主要面临以下六个方面的挑战：

　　1. 装配式建筑的设计技术体系还不够完善

　　首先，装配式建筑设计关键技术发展较慢，装配式建筑一体化、标准化设计的关键技术和方法发展滞后，设计和加工生产、施工装配等产业环节脱节的问题普遍存在。其次，装配式建筑设计技术系统集成不够，只注重研究装配式结构而忽视了与建筑围护、建筑设备、内装系统的相互配套。最后，装配式建筑设计技术创新能力不足，装配式建筑还没有形成高效加工、高效装配、性能优越的全新结构体系，基于现浇设计、通过拆分构件来实现"等同现浇"的装配式结构，不能充分体现工业化生产的优势。

　　2. 装配式建筑的技术体系还不够先进

　　首先，从设计、部品件生产、装配施工、装饰装修到质量验收的全产业链关键技术缺乏且系统集成度低。其次，BIM 信息技术对设计、生产加工、施工装配、机电装修和运维等全产业链的信息协同共享，还未形成有效的平台支撑。

　　3. 装配式建筑的成本还略显偏高

　　目前，装配式结构体系平均成本普遍比传统现浇体系高，无竞争优势，在一定程度上阻滞了工业化的推广和发展。导致建筑工业化项目成本偏高的原因主要在于装配式结构设计体系不够成熟，装配式建筑项目没有推行 EPC 工程总承包模式，装配式建筑项目还处于试点示范阶段，还没有大面积推广应用。

　　4. 装配式建筑的体制机制还不够健全

　　目前，在预制装配式建筑项目的招投标、施工许可、施工图审查、质量检测和竣工验收等监管流程上，还未形成促进建筑工业化快速发展的创新机制。适应于推广装配式建筑的相关监管机制的缺失，在很大程度上造成了装配式建筑建造过程的不确定性，增加了装配式建筑一体化建造的难度。

　　5. 装配式建筑的舆论宣传还不够全面准确

　　当前在提升装配式建筑的社会认知度方面，主流媒体的引导性宣传还不够，非主流媒体的宣传推介影响力不大，导致社会对装配式建筑还存在一定的误区，例如：认为装配式建筑的抗震性能不好,认为装配式建筑产品会千篇一律,认为装配式建筑产品是低端产品等。

6. 建筑工业化的行业队伍水平还有待提升

首先,发展装配式建筑的复合型人才稀少。装配式建筑对设计、生产、装配、质量检测及施工验收等多环节的从业人员综合素质要求高,目前知研发、晓技术、懂管理等的装配式建筑从业人员十分稀少,需要培养出适合我国装配式建筑发展的复合型人才。

其次,推进装配式建筑发展的产业工人队伍还没有形成。全行业对农民工的技能提升还不够重视,"技能水平低、离散程度高"的农民工队伍,还不能有效适应标准化、机械化、自动化的工业化生产模式。

发展装配式建筑是推进供给侧结构性改革的重要举措,其核心优势就是提供优质、适用的建筑产品。而装配式建筑的发展还需要解决上述存在的问题,就需要在装配式建筑中实践装配式建筑"三个一体化"发展,将发展方向和重点转移到"建筑、结构、机电、内装一体化"、"设计、生产、装配一体化"和"技术、管理、市场一体化"的系统工程上来,从而回归装配式建筑发展的"初心",为社会提供优良性能和高质量的人居环境。

1. 建筑、结构、机电、内装一体化

装配式建筑是由结构系统、外围护系统、设备与管线系统、内装系统四个子系统组成,它们各自既是一个完整独立存在的子系统,又共同构成更人的系统,即装配式建筑工程项目。四个子系统独立存在,又从属于整体建筑系统,每个子系统是装配式,整体系统也是装配式。

依据建筑系统和系统集成设计的理念,按照四个子系统的组成,将预制部品部件通过模数协调、模块组合、接口连接、节点构造和施工工法等一体化系统性集成装配。通过在工地高效、可靠装配,从而实现主体结构、建筑围护、设备管线和内装一体化。

2. 设计、生产、装配一体化

设计、加工、装配一体化,是工业化生产的要求。唯有采用标准化设计、工厂化生产、装配化施工、一体化装修和信息化管理的五化一体实施路径,以全装配为特点,运用BIM信息化共享技术,实现全过程工业化建造。

3. 技术、管理、市场一体化

技术、管理、市场一体化,是产业化发展的要求。首先,技术与管理要高度集中和统一,需建立成熟完善的技术体系。其次,需建立与之相适应的管理模式,以及与技术体系、管理模式相适应的市场机制。最后,要营造良好的市场环境。推行技术、管理、市场一体化,突破政府和行业积极而市场反应冷淡的发展瓶颈,推进装配式建筑的产业化发展。积极培育适应行业发展的复合型技术人才和产业工人队伍。

2017 年 7 月